Characteristics and Concrete Applications of Circulating Fluidized Bed Ash and Slag

循环流化床灰渣特性及混凝土应用

程志 著

化学工业出版社

·北京·

内容简介

本书聚焦循环流化床（CFB）煤矸石脱硫灰渣的特性及其在混凝土中的应用，主要内容包括绪论、CFB灰渣膨胀特性和力学性能研究、不同约束条件下CFB灰渣自密实混凝土膨胀性能研究、CFB灰渣高性能混凝土力学性能研究、CFB灰渣高性能混凝土耐久性能研究、CFB灰渣钢管自密实混凝土短柱轴压性能研究等。通过试验与有限元模拟，揭示了相关性能规律及影响因素，为煤矸石脱硫灰渣的资源化利用提供了理论与实践依据，对土木工程材料领域研究及工程应用具有重要参考价值。

本书可供土木类科研人员、土木工程师、固废资源化技术人员学习使用，也可供土木类专业教师、研究生阅读参考。

图书在版编目（CIP）数据

循环流化床灰渣特性及混凝土应用 / 程志著. 北京 : 化学工业出版社, 2026. 1. -- ISBN 978-7-122-49463-4

Ⅰ. TD849

中国国家版本馆CIP数据核字第2025FT0409号

责任编辑：李旺鹏
责任校对：王　静　　　　装帧设计：孙　沁

出版发行：化学工业出版社
（北京市东城区青年湖南街13号　邮政编码100011）
印　　装：北京天宇星印刷厂
710mm×1000mm　1/16　印张13¾　字数219千字
2026年1月北京第1版第1次印刷

购书咨询：010-64518888
售后服务：010-64518899
网　　址：http://www.cip.com.cn
凡购买本书，如有缺损质量问题，本社销售中心负责调换。

定　　价：98.00元　

· 前言 ·

能源与环境是人类社会可持续发展的两大核心议题，而工业固废的资源化利用则是破解这一议题的关键路径之一。循环流化床（CFB）作为高效清洁的燃煤技术，在能源生产中占据重要地位，但随之产生的煤矸石脱硫灰渣却面临着处置难题。我国每年循环流化床灰渣排放量十分可观，若处置不当，不仅会占用大量土地资源，其含有的有害物质还可能造成土壤与水体污染。如何实现这类固废的高效利用，既降低环境压力，又创造经济价值，成为学术界与工程界亟待解决的课题。

循环流化床煤矸石脱硫灰渣因燃料特性，与传统燃煤脱硫灰渣在化学成分、矿物组成上存在显著差异，这导致其在自硬性、吸水性、膨胀性等性能上呈现独特特征。早期研究多聚焦于普通燃煤灰渣的应用，对煤矸石脱硫灰渣的系统性探究相对匮乏，尤其在其膨胀特性的可控利用及在高性能混凝土、钢管混凝土中的应用方面，尚未形成成熟的理论体系与技术规范。这一研究空白，既制约了固废资源化的进程，也限制了新型建筑材料的创新发展。

基于此，本书以循环流化床煤矸石脱硫灰渣为研究对象，围绕其特性及混凝土应用展开多维度探索。研究团队历时数年，从基础性能测试入手，逐步深入至应用性能分析，构建了一套较为完整的研究框架。本书系统研究了CFB灰渣的膨胀特性和力学性能，分析了不同约束条件下CFB灰渣自密实混凝土的膨胀性能，探究了CFB灰渣高性能混凝土的力学与耐久性能，以及CFB灰渣钢管自密实混凝土短柱的轴压性能。

本书的撰写，旨在为从事固废资源化、混凝土材料、结构工程等领域的科研人员、工程师及高校师生提供一部兼具理论深度与实践价值的参考资料。书中内容既包含翔实的试验数据与分析方法，也融入了研究过程中的解析与思考。

需要说明的是，循环流化床脱硫灰渣的特性研究仍在不断深入，相关应用技术也需在实践中持续完善，本书所呈现的成果仅为阶段性总结，期待与同行共同探讨，推动该领域的学术进步与技术创新。

最后，感谢研究团队成员的辛勤付出，感谢在项目开展过程中提供支持与帮助的科研机构、企业及专家学者。由于作者水平有限，书中难免存在疏漏与不足，恳请读者批评指正。

著者

2025 年 10 月

· 目录 ·

1 绪论

2 CFB 灰渣膨胀特性和力学性能研究

4 CFB 灰渣高性能混凝土力学性能研究

5 CFB 灰渣高性能混凝土耐久性能研究

6 CFB 灰渣钢管自密实混凝土短柱轴压性能研究

1 绪论

1.1 研究背景和意义

1.1.1 研究背景和目的

煤矸石是成煤过程中与煤伴生的一种含碳量低的黑色岩石，是在煤炭开采和洗选过程中产生的固体废弃物。

我国煤炭产量位居世界首位，目前煤矿的排矸量占煤炭开采量的 8% ～ 20%，平均约为 12%，已成为我国累计堆积量和占用场地最多的工业废弃物。随着国民经济发展对于煤炭需求的增长，煤炭产量逐年提高，2017 年我国煤炭产量约为 35.2 亿吨，排放煤矸石约 5 亿吨，煤矸石的大量堆存，在占用土地的同时，也造成了环境污染。随着洁净煤技术的发展及采煤机械化水平的提高，煤矸石的比例还将逐步增加。因此，煤矸石综合利用面临巨大压力和挑战。

煤矸石含有碳、氢、氧等热值成分，利用煤矸石进行发电是煤矸石综合利用的重要途径之一。为了促进节能减排，鼓励对煤矸石的利用，国家专门针对煤矸石发电出台了相关的政策，特别是《煤矸石综合利用管理办法》（国经贸资[1998]80 号）的发布，推动了大量煤矸石电厂的兴建，且产生了较好的经济效益和环保效益。高效率、大容量循环流化床锅炉燃烧技术广泛应用于煤矸石发电机组，13.5 万 kW 及以上单机容量煤矸石发电机组占煤矸石发电总装机容量 70% 以上。

循环流化床（circulating fluidized bed，下文简称 CFB）燃煤技术是近年来在国际上发展起来的新一代高效低污染燃烧技术，由于其高效的固硫效率，已成为当今燃煤锅炉的主流。然而，CFB 锅炉的炉内脱硫技术需要加入大量的脱硫剂（一般是石灰石），在减少大气污染排放的同时，产生了大量脱硫灰渣（也称固硫灰渣）。脱硫灰渣是这种燃烧技术下产生的残余物，其中从烟道收集得到的是脱硫灰，从炉底排出的是脱硫渣。研究表明，CFB锅炉产生的脱硫灰渣比普通煤粉炉多30%～40%。

大量煤矸石电厂的兴建，大量大容量循环流化床锅炉的引入，在消化利用煤矸石带来巨大经济效益和环保效益的同时，也造成了排渣量的大幅增加。

煤矸石脱硫渣是煤矸石电厂经循环流化床锅炉燃烧并脱硫后，经炉底排出的废渣。与燃煤循环流化床锅炉相比，由于煤矸石属劣质燃料，其排渣量更大，如何资源化利用循环流化床煤矸石脱硫灰渣已经成为当前迫切需要解决的重要课题。

资料显示，研究人员对燃煤脱硫灰渣的研究较多，对煤矸石脱硫灰渣已有研究，但成果较少。研究表明：燃煤脱硫灰渣不同于粉煤灰，由于脱硫剂的加入，其钙硫含量较高，具有自硬性、大吸水性和高膨胀性等特性。

煤矸石脱硫灰渣和燃煤脱硫灰渣既有相似性，又有差异性。一方面，由于均需加入石灰石脱硫，其物理化学特性具有相似性，如都具有火山灰活性、膨胀性等，这和普通粉煤灰差别较大；另一方面，由于燃料不同，两种脱硫灰渣的化学成分、矿物组成存在一定差异，会导致性能上的差异。因此，有必要对煤矸石脱硫灰渣的特性进行系统研究。

本书以山西平朔煤矸石发电有限责任公司循环流化床煤矸石脱硫渣为研究对象，在脱硫渣物理性能研究的基础上，以磨细脱硫渣等量取代水泥，研究其膨胀特性，探明膨胀影响机理。通过配制CFB灰渣自密实混凝土，进行力学性能试验和膨胀性能试验，研究其力学性能和膨胀特性。在满足混凝土相关规范的前提下，最大限度地利用脱硫灰渣替代粉煤灰制备高性能混凝土，并通过试验研究CFB灰渣高性能混凝土的力学性能和耐久性能。利用CFB灰渣自密实混凝土的膨胀特性，制作钢管混凝土，试验研究钢管限制条件下混凝土膨胀特性和短柱轴压性能，并进行有限元分析。通过本书的研究，为煤矸石脱硫灰渣综合利用提供理论和实践指导，也可为其他脱硫灰渣综合利用提供参考。

1.1.2 研究意义和实用价值

循环流化床锅炉因其燃烧适应性好，可燃用煤矸石、炉渣、煤泥等劣质燃料，对大气污染小，是煤矸石电厂使用的主要炉型。虽然循环流化床燃烧方式可以燃用不同性质的燃料，但燃用具有不同的结构和组成成分的燃料时所表现出的燃烧特性存在很大区别，如煤颗粒的破碎、磨损、燃烧速度、灰渣特性等。燃料在循环流化床燃烧过程中的灰渣形成特性对锅炉的燃烧、传热和灰渣排放特性等有很大的影响。

煤矸石和普通燃煤在结构、化学成分等方面存在差异，导致产生的脱硫灰渣特性差异较大。其中的硬石膏（以 SO_3 计）和游离氧化钙（f-CaO）的差异会直接导致水化特性、膨胀特性的差异。因此，必须对煤矸石脱硫灰渣的物理化学性质进行系统研究，提出适合其技术特性的利用方式加以利用，而不能简单套用燃煤脱硫灰渣的利用方式。

影响脱硫灰渣资源化利用的主要原因是其膨胀性较大，这种膨胀对水泥体系长期稳定性存在不利影响。为了有效控制膨胀和提高其活性，对煤矸石脱硫渣进行了物理粉磨，并尝试采用化学试剂硫酸钠进行化学激发。

本书一方面通过对煤矸石脱硫渣膨胀特性进行研究，探明细度、掺量、水胶比、激发剂等主要因素对其膨胀、强度的影响机理，并配制自密实膨胀混凝土，可为煤矸石脱硫渣综合利用提供新方向；又通过利用脱硫灰渣替代粉煤灰，制备高性能混凝土，并对其力学性能及耐久性进行测试评估，探究脱硫灰渣在高性能混凝土制备方面的可能性；另一方面将煤矸石自密实混凝土应用于钢管混凝土中，可补偿核心混凝土收缩，实现钢管与核心混凝土界面的紧密结合，提高钢管混凝土承载力，可为钢管核心混凝土的制备提供新思路。

1.2 国内外循环流化床（CFB）灰渣研究现状

1.2.1 基本性质

（1）细度

与普通煤粉炉粉煤灰相比，总体上脱硫灰比粉煤灰细。通过分析粒径分布，发现粉煤灰中颗粒粒径几乎都在 50μm 以下，而脱硫灰中有部分颗粒粒径在

50μm 以上。

肉眼看到的燃煤脱硫渣，其粗细与水泥混凝土细骨料砂的粒度相当。计算其细度模数，可以认为流化床燃煤脱硫渣的细度模数在细砂和中砂之间。采用球磨机对脱硫渣进行粉磨，可以提高其活性，减少其膨胀性。

（2）微观形貌

肉眼看到的脱硫灰渣的颗粒大小与砂相当，但脱硫灰渣颗粒多具棱角，表面粗糙。采用扫描电镜观察发现，与粉煤灰不同，脱硫灰渣颗粒表面粗糙、形状不规则，且疏松多孔，如图 1.1 所示。脱硫灰渣的形貌特征导致其具有吸水性高的特性。按照《水泥标准稠度用水量、凝结时间、安定性检验方法》（GB/T 1346—2011）测定脱硫灰渣的标准稠度需水量，结果表明，脱硫灰渣标准稠度需水量大大高于粉煤灰，大约是粉煤灰的 2 倍。通过 SEM 分析比较发现，脱硫灰和脱硫渣表面状态差异不太明显。

(a) 脱硫灰渣

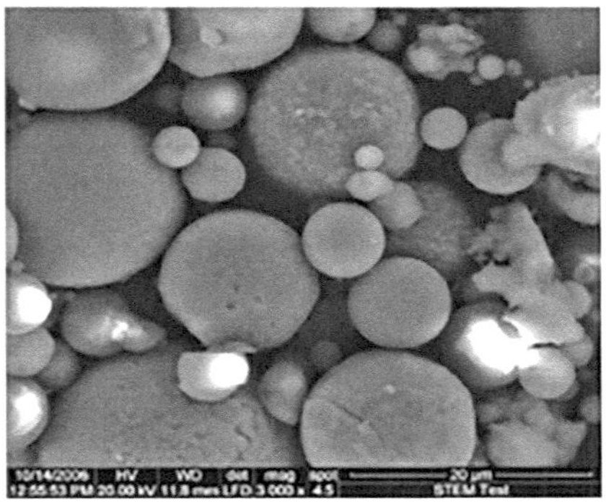

(b) 粉煤灰

图 1.1 高倍 SEM 照片

（3）化学成分

对脱硫灰渣化学成分进行分析对比发现，燃料、燃烧温度、燃烧方式、脱硫剂及脱硫效率、排渣方式等因素会对灰渣化学成分产生影响。从表 1.1 可以看出，不同国家、不同地区、不同电厂排放的灰渣存在较大差异，同一电厂排放的脱硫灰和脱硫渣化学成分也存在一定差异。

脱硫灰渣与粉煤灰的最大区别是脱硫灰渣中含有大量的 CaO 和 SO_3。此外，

脱硫灰渣中的 SiO_2 和 Al_2O_3 含量比粉煤灰低，但 SiO_2 和 Al_2O_3 总体含量仍处较高水平（均在 60% 以上），因此脱硫灰渣仍保持有较好的火山灰活性。

表 1.1 国内外不同电厂脱硫灰渣和粉煤灰主要化学成分对比表 单位：%

灰渣种类	SiO_2	Al_2O_3	Fe_2O_3	CaO	SO_3	MgO	K_2O
厦门海沧新阳热电厂脱硫灰	38.45	28.03	4.94	15.19	0.326	0.98	3.04
厦门海沧新阳热电厂脱硫渣	39.02	23.92	3.09	24.44	0.45	2.00	4.13
太原煤炭气化煤矸石热电厂脱硫灰	47.89	30.32	11.04	4.44	0.63	2.60	0.80
太原煤炭气化煤矸石热电厂脱硫渣	44.41	35.57	8.86	4.03	0.58	4.00	0.05
山西朔州煤矸石电厂脱硫灰	37.78	32.76	5.42	10.19	4.35	1.93	0.98
山西朔州煤矸石电厂脱硫渣	40.29	32.11	3.77	10.27	3.89	1.43	1.05
国外某 vGB 研究项目组八台石煤流化床锅炉脱硫灰	13.9 ～ 44.0	8.8 ～ 17.9	2.7 ～ 6.6	8.6 ～ 23.0	2.2 ～ 10.1	1.0 ～ 2.2	1.2 ～ 3.0
国外某 vGB 研究项目组八台石煤流化床锅炉脱硫渣	6.9 ～ 66.1	3.2 ～ 24.7	3.1 ～ 7.6	6.2 ～ 52.2	1.0 ～ 28.3	1.1 ～ 2.0	0.8 ～ 3.6
内蒙古赤峰东元电力发展有限责任公司粉煤灰	62.51	20.09	8.14	3.06	0.26	1.48	—
杭州半山电厂粉煤灰	44.84	32.26	4.22	4.63	—	—	0.82

（4）*矿物组成*

脱硫灰渣的矿物组成与燃料的矿物相以及燃烧过程中燃料矿物质所发生的物理化学变化有关。

通过对脱硫灰渣样品进行 X 射线衍射分析，发现其矿物组成与普通粉煤灰相比差异较大。脱硫灰渣中的矿物主要有石英、无定形高岭石变体、赤铁矿、少量的磁铁矿、少量的铝酸三钙、硫酸钙、亚硫酸钙晶体，以及少量的游离氧化钙等。此外，脱硫灰渣中存在大量硬石膏和方解石。

（5）*火山灰活性*

决定脱硫渣火山灰活性的主要因素是活性 SiO_2 和 Al_2O_3 的含量。脱硫渣的火山灰活性主要来源于黏土矿物脱水产生的无定形硅铝物质。与粉煤灰、普通沸腾炉渣相比，脱硫渣含有大量的硬石膏和碳酸钙或游离氧化钙，有一定的自硬性和较大的膨胀性。有研究认为，脱硫灰渣的火山灰活性高于粉煤灰。

（6）自硬性

循环流化床脱硫灰渣具有自发的水硬性，其水硬性速率很快。在标准养护条件下，与水混合后，脱硫渣和脱硫灰分别可在几小时和一天之内凝结硬化至类似普通硅酸盐水泥终凝的程度。流化床锅炉的燃烧温度在 850 ～ 900℃，在这个温度下很难生成水泥熟料矿物，具有高化学活性的无定形矿物是 CFB 燃煤脱硫灰渣早期自硬性的主要原因。

CFB 脱硫灰的水化产物主要是钙矾石、水化硅酸钙、氢氧化钙和石膏，游离氧化钙的消化对 CFB 脱硫灰的自硬过程有重要影响。

（7）膨胀性

脱硫灰渣的膨胀性是最早被人们认识的一种特性。脱硫灰渣的膨胀性与其 SO_3 和 f-CaO 组分含量有密切关系，但脱硫灰渣的膨胀性究竟主要取决于 f-CaO 还是 SO_3，尚无定论，需要进行进一步的研究。

宋远明的研究表明：固硫灰渣净浆试件早期（14 ～ 28d 龄期）的线性膨胀率增长较快，此后增长速度变慢；游离氧化钙含量是决定固硫灰渣膨胀特性的主要因素；固硫灰的膨胀特性明显低于固硫渣。

重庆大学王智认为：SO_3 是流化床燃煤脱硫渣膨胀开裂的主要原因。流化床燃煤脱硫渣中 SO_3 是以Ⅱ-$CaSO_4$ 的形态存在。一方面，Ⅱ-$CaSO_4$ 溶解结晶生成 $CaSO_4 \cdot 2H_2O$ 时体积发生膨胀；另一方面，溶解的 SO_3 与活性 Al_2O_3、f-CaO 反应生成钙矾石时体积发生膨胀。f-CaO 由于被Ⅱ-$CaSO_4$ 包裹，也可能对脱硫渣的膨胀产生较大影响，但对于磨细到一定细度的脱硫渣，f-CaO 不会对脱硫渣膨胀产生较大的影响。

1.2.2 改性研究

（1）水活化

CERCHAR 水化法是法国 CERCHAR 组织开发的一种流化床灰渣的水活化方法。采用该水化方法，灰渣中的游离氧化钙能够得到完全水化，而硫酸钙不会转化成石膏或钙矾石。同时，灰渣的活性可以得到提高，主要是由于水化后灰渣的粒径会减小，比表面积会变大。

J. Blondin 等人用试验说明了水化处理的作用。经 CERCHAR 水化处理后的流化床灰渣，当其掺量达 15% 时，尽管早期强度低于纯水泥，但后期强度与纯水泥基本相当甚至超过纯水泥，膨胀性也得到了很大程度的控制。

刘传亮等进行了不同水活化条件下脱硫灰的水活化研究，结果表明：水合反应和消耗氢氧化钙的胶凝反应同时进行；水活化过程中氢氧化钙含量呈现快速上升、慢速上升、缓慢下降的规律；水合反应和胶凝反应速率随活化温度提高而有所提高，活化温度存在最佳值；活化水量的增加可以加快水合反应和胶凝反应速率。

（2）物理粉磨

Fu X 等针对特定脱硫灰，系统研究了不同粉磨时间对密度、粒度分布、需水量、比表面积、pH 值的影响，结果表明：在一定时间范围内的粉磨，可以提高脱硫灰的细度；可以提高其密实度，从而提高其密度；可以降低需水量；pH 值也有所提高。但粉磨时间对这些性质的影响存在一个极值或拐点，超过某一值后，这些性能指标反而会下降。因此，并不是粉磨时间越长越好。

超细化粉磨是近几年发展起来的新技术，主要通过蒸汽动能磨实现。蒸汽在动能磨的作用下形成高速气流，脱硫灰颗粒在高速气流的作用下加速碰撞而粉碎，从而形成高细度的粉体。超细化粉末可以提高脱硫灰中Ⅱ-$CaSO_4$ 的溶解速率，加深水化反应程度。有利于提高活性，解决原状脱硫灰体积稳定性差等问题。

（3）化学激发

强碱、硫酸盐是常用的化学激发剂，碱激发能促使脱硫灰渣中的硬石膏溶解，促使其中的铝氧、硅氧界面重新排列；硫酸盐同样能加速脱硫灰渣中硬石膏的溶解，提高强度，但会增大其体积膨胀效果。

以硫酸盐为主和以氢氧化钠为主分别复配的激发剂，不仅能提高强度，而且安定性良好，具有很好的效果。LI X-G 的研究也表明，采用碱性激发剂或复合成分激发剂改性后的脱硫灰渣具有更好的火山灰活性，其强度能得到大幅提升。

1.2.3 CFB 灰渣的应用研究

国外对于循环流化床脱硫灰渣的利用主要集中在道路土方回填和废弃物稳定处理等方面，没有进行大规模的资源化利用。

近年来，随着 CFB 脱硫灰渣产量的大规模增长，国内研究人员开始对脱硫灰渣的基础研究和应用予以重视。由于国内 CFB 脱硫灰渣的研究起步较晚，还处于初步探索阶段，尚未建立起完善的理论和实现大规模资源化利用。

（1）水泥混合材

通过控制单掺脱硫灰、复掺脱硫灰和石膏的掺入比例，可有效地调节水泥凝结时间，在满足水泥安定性条件的同时，可以提高水泥胶砂强度，降低水泥标准稠度用水量。

通过分别使用循环流化床脱硫灰、渣代替部分原材料制备低收缩水泥熟料，加入 10% 质量分数的石膏可制得脱硫灰渣低收缩水泥。

SONG Y 等研究了养护条件对 CFBC 灰渣 - 水泥体系（灰渣与水泥质量比 30 ∶ 70）的水化和性能的影响，包括水化产物、浆体微观结构、线性膨胀率、化学结晶水含量和抗压强度。

盛广宏等就脱硫灰取代水泥对其性能影响进行了研究，研究表明：当取代量在 20% 以内时对强度影响很小，超过 20%，强度明显下降；每掺入 10% 的脱硫灰，水泥标准稠度用水量增加 1.8% ～ 3.2%；凝结时间随掺量增加而降低；当 SO_3 和 f-CaO 含量分别达到 4.48% 和 3.0% 时，体积安定性合格。

（2）矿物掺合料或原材料

利用脱硫灰渣的特性，将脱硫灰渣作为矿物掺合料加入混凝土，或作为原材料制作建筑材料，是脱硫灰渣资源化利用的重要途径。

加拿大的 S M Burwell 和 R K Kissel 等人利用脱硫灰渣的自硬性和火山灰活性，将流化床灰渣和粉煤灰混合使用制备了无水泥混凝土。

脱硫灰渣具有一定的膨胀性，物理粉磨可以有效降低其膨胀危害，将磨细脱硫渣作为掺合料等量取代水泥可配制自密实混凝土。

利用脱硫灰渣火山灰活性较高，自身水化后会发生明显的体积膨胀等特性可以配制建筑膨胀砂浆和自流平砂浆。

此外，脱硫灰渣还可以用于注浆、固化淤泥，以及作为原材料制备加气混凝土、碾压混凝土、泡沫混凝土、免烧砖、蒸养砖、土工聚合物、活化剂等。

（3）混凝土膨胀剂

利用脱硫灰的膨胀特性，与其他材料耦合，可以制备膨胀剂。陈德玉等利用脱硫灰、烧铝矾土、硬石膏为原料以适当比例制得以钙矾石为主要膨胀源的硫铝酸盐类混凝土膨胀剂。以脱硫灰、煅烧氧化钙、石膏三组分为原料按照一定比例同样可以配制混凝土复合膨胀剂。

1.2.4 存在的主要问题

研究人员针对脱硫灰渣作了大量的研究工作，形成了一系列成果，但仍有一些问题需要进一步研究。

（1）不同产地、不同品种的脱硫灰渣具有相似的基本性质，但由于化学成分含量的差异，导致其活性、膨胀性存在一定差异。特别是 SO_3 和 CaO 引起的膨胀性问题需要足够重视。因此，必须针对特定的脱硫灰渣进行针对性的研究，在此基础上探索资源化利用途径。

（2）物理粉磨特别是超细化粉磨能够提高脱硫灰渣的活性，但粉磨对膨胀的影响规律尚无明确结论。

（3）采用硫酸盐、强碱等化学激发剂可以提高脱硫灰渣的活性，但是否会增加膨胀，特别是后期膨胀，造成材料强度降低甚至破坏，仍需要进行深入研究。

1.3 自密实混凝土（SCC）研究现状

自密实混凝土（self-compacting concrete，简称 SCC），是指具有大流动性、良好的均匀性和稳定性，无需振捣，浇筑时能够凭借自重流动，并填充整个模板空间的混凝土。与普通混凝土相比，新拌自密实混凝土具有良好的填充性、间隙通过性和抗离析性；硬化后具有良好的抵抗外部环境侵蚀能力。

1986 年，日本学者 Okamura 首次提出自密实混凝土的概念。此后东京大学的 Ozawa 等对自密实混凝土进行了系统研究。1988 年，自密实混凝土第一次使用市售原材料研制成功。由于自密实混凝土的性能优势，在随后的二十多年，全世界范围内都开展了对自密实混凝土的研究和应用。21 世纪初，我国开始对自密实混凝土进行研究和工程应用。目前，我国已经编制了《自密实混凝土应用技术规程》（JGJ/T 283—2012）（以下简称《技术规程》），并于 2012 年 8 月 1 日起施行。《技术规程》对自密实混凝土的组成材料、性能、配合比设计、制备与运输、施工、检验试验方法作了详细的规定，是目前配制自密实混凝土的主要依据。

1.3.1 原材料

与普通混凝土相比，自密实混凝土的特性决定了其对原材料具有更高的要求。近年来，研究人员致力于自密实混凝土原材料的研究以改善其性能或实现废弃物利用，取得了一些有意义的成果，为后续研究提供了很好的理论基础。

（1）粗骨料

为了保证新拌自密实混凝土具有良好的流动性、间隙通过性和抗离析能力，粗骨料的粒径必须加以控制，一般要求其最大粒径不宜超过 16 ～ 20mm。此外，对针片状颗粒含量、含泥量和泥块含量也应进行控制，否则会对自密实混凝土的工作性能和力学性能产生不利影响。

（2）细骨料

采用级配Ⅱ区的中砂。对砂中的石粉含量需要严格控制，适量石粉能够改善混凝土的工作性能，但过量石粉会吸附过多水分，导致混凝土工作性能变差；另外人工砂往往级配不良、颗粒粗糙、多棱角，用于配制自密实混凝土时需提高砂率。

（3）胶凝材料

配制自密实混凝土通常采用硅酸盐水泥或普通硅酸盐水泥。当采用其他品种水泥时，其性能指标应符合国家现行相关标准的规定。

（4）矿物掺合料

矿物掺合料通常具有高活性和低需水量的特点。合理使用矿物掺合料，可以改善自密实混凝土的工作性能、提高其强度和耐久性。但不同品种的矿物掺合料对混凝土性能的影响差异较大。在自密实混凝土中单独掺入粉煤灰、磨细矿渣粉、硅灰等常用掺合料只能改善自密实混凝土的某一性能或部分性能，为了实现不同掺合料的复合效应，部分学者对掺入两种或多种掺合料的自密实混凝土进行了研究。此外，研究人员对一些经过分析能够改善自密实混凝土性能的非常用矿物质作为掺合料的可行性进行了试验研究。

重庆大学张旭对用粉煤灰和矿渣复合掺合料等量替代 50% ～ 80% 水泥的自密实混凝土力学性能、抗碳化性能进行了研究；张爱玲对复合超细粉（超细粉煤灰和超细矿渣粉 1 ∶ 1 混合而成）拌制的混凝土、单掺超细粉煤灰混凝土及单掺超细矿粉混凝土的技术性能与耐久性能进行了对比试验；俞振达对自密实混凝土分别单掺、双掺、三掺硅粉、粉煤灰、膨胀剂进行了对比试验研究；万惠文将发电厂焚烧稻壳后收集的稻壳灰作为矿物掺合料配制自密实混凝土，并对其性能进行了试验研究；马昆林对以橡胶颗粒等体积取代细骨料时不同橡胶颗粒取代量对自密实混凝土的工作性能、抗压强度、应力 - 应变曲线、抗冻性能、抗硫酸盐干湿循环性能以及电通量等的影响进行了试验研究。

河北农业大学孟志良教授及其研究团队以保定热电厂的燃煤固硫渣为研究对象，对磨细固硫渣作为一种混凝土新型掺合料等量取代水泥对自密实混凝土拌合物的工作性能、硬化混凝土抗压强度、干燥收缩的影响进行了研究。主要结论有：①由于固硫渣表面疏松多孔，使其具有较高的需水性，改善了自密实混凝土拌合物的黏聚性，但是混凝土拌合物的坍落度略有降低，通过适当调整高效减水剂掺量就能满足大流动性混凝土坍落度的要求；②由于固硫渣中三氧化硫的存在，可以补偿自密实混凝土的收缩；③自密实混凝土拌合物的坍落度和扩展度有所降低，混凝土拌合物稳定性得到改善；④磨细固硫渣的活性高于粉煤灰，故不同龄期自密实混凝土抗压强度有所提高。此外，还对磨细固硫渣自密实混凝土碱度、抗碳化性能、抗渗透性能进行了试验研究。

（5）外加剂

减水剂是一种常用的外加剂，有普通减水剂和高效减水剂。与普通减水剂相比，高效减水剂具有早强、高强的特性。聚羧酸减水剂是一种新型高性能减水剂，与其他高效减水剂相比，聚羧酸减水剂还具有引气功能，可以明显改善混凝土的收缩性能，并在一定程度上弥补自密实混凝土收缩较大的缺陷。因此，聚羧酸系高性能减水剂比较适合配制自密实混凝土，特别是高性能混凝土。

为了补偿混凝土的收缩，可在自密实混凝土中加入膨胀剂。但在使用膨胀剂时，需要注意水灰比、矿物掺合料的影响。当水胶比较大时，混凝土孔隙率较高，可以吸收较多的膨胀能，但是由于水分的大量存在，会生成更多的钙矾石。研究表明，补偿收缩值与膨胀剂的掺量近似成线性关系。当水胶比很低时，尽管混凝土孔隙率低，吸收的膨胀能少，但是由于缺水，混凝土中生成的钙钒石数量会减少，不能充分发挥膨胀剂的作用。将某些磨细低钙矿物掺合料，如粉煤灰、磨细矿渣等掺入混凝土，对如过量 SO_3（生成钙矾石）、碱 - 集料反应（生成碱 - 钙 - 硅凝胶）等引起的膨胀都有抑制作用。矿物掺合料对混凝土长期体积稳定性有利，但不同掺合料对早期膨胀的作用不同；掺量不同时，作用也有所不同。不同种类和不同掺量的矿物掺合料对膨胀剂作用的影响尚不明确，需要进行深入研究。孟志良研究了掺有膨胀剂的低水胶比高性能混凝土的收缩性能。

（6）其他

纤维材料具有强度高、韧性好、耐久性强、可补偿收缩等特点。常用的纤维材料有钢纤维、碳纤维、PP 纤维、PVA 纤维、聚丙烯纤维等。纤维材料的掺入可提高自密实混凝土的抗拉强度、抗裂性能、抗疲劳性能、断裂韧性及变形性能，但纤维材料普遍存在分散性差的问题。YAKHLAF M 分别将不同品种的纤维材料加入自密实高性能混凝土中加以应用，并对其性能进行了研究。

1.3.2 配合比设计

普通混凝土配合比设计主要是通过确定水灰比、砂率、单位用水量三项参数，从而确定粗骨料、细骨料、胶凝材料、水的用量。自密实混凝土需要获得较大的流动性和较小的水灰比，需要加入高效减水剂、矿物掺合料，这些对混凝土的性能和材料用量有较大影响。因此，不能简单套用普通混凝土配合比设计方法来进行自密实混凝土的配合比设计。

国内外有关自密实混凝土配合比设计的方法主要有 6 种，即固定砂石体积法、全计算法、改进全计算法、参数设计法、骨料比表面积法、简易设计法。

自密实混凝土配合比设计应综合考虑施工工艺、工程结构特点和环境影响。和普通混凝土相同，应在满足工作性能（自密实性）、力学性能和耐久性能要求的基础上，首先计算初始配合比，然后经试配调整得到满足自密实性能要求的基准配合比，再经强度、耐久性复核得到设计配合比。

绝对体积法是自密实混凝土配合比设计的主要方法。自密实混凝土具有水胶比低、胶凝材料用量大、砂率高的组成特点，导致其早期易开裂、体积稳定性差。为了缓解水泥过多带来水化热过大的问题，通常需掺入一定量的矿物掺合料。用水量也需进行控制，一般不宜超过 190kg/m^3。通过增加粉体材料来增加浆体体积，或加入外加剂，可以改善自密实混凝土的黏聚性和流动性。

LE H T 采用绝对体积法对掺有多种矿物掺合料的自密实高性能混凝土进行了配合比设计，并提出了详细的计算过程，为自密实混凝土的配合比设计提供了新方法。

1.3.3 主要性能

1.3.3.1 新拌自密实混凝土的工作性能

新拌自密实混凝土除具有普通混凝土的流动性、黏聚性和保水性等要求外，还应具备自密实性。自密实性包含填充性、间隙通过性和抗离析性三方面的含义。

填充性是新拌自密实混凝土的控制指标，主要通过坍落扩展度（mm）和扩展时间 T500（s）来进行控制。

间隙通过性是针对钢筋混凝土结构钢筋净距在 60 ～ 100mm 范围内进行控制的指标，主要是通过 J 环扩展度试验和坍落扩展度试验的差值来考查。

对于高填充性的自密实混凝土，需要控制其抗离析性。主要通过离析率筛析试验来考查。

1.3.3.2 自密实混凝土的力学性能

自密实混凝土的力学性能指标和普通混凝土一样，主要包括抗压强度、轴心抗压强度、弹性模量、劈裂抗拉强度、抗折强度。

自密实混凝土的高强化是其力学性能研究的一个重要内容。自密实混凝土的高强化主要是通过优选原材料、合理选择配合比设计参数和合理的施工工艺三个措施来实现的。

原材料方面，胶凝材料应选用42.5强度等级及以上的硅酸盐水泥或普通硅酸盐水泥，细骨料选用细度模数为2.6以上的偏粗中砂，粗骨料选用高强度的硬质骨料，外加剂选用高效减水剂，矿物掺合料选用超细粉煤灰、超细矿渣、硅灰等。此外，加入钢纤维、玄武岩纤维、聚丙烯纤维等纤维材料也可以提高自密实混凝土的力学性能。

配合比设计方面，主要应注意选好水胶比、砂率、胶凝材料和矿物掺合料的用量、外加剂的用量。

施工工艺方面，优先选用机械搅拌和机械振捣，成型工艺采用加压成型和离心成型。此外，还应加强养护。

1.3.3.3 自密实混凝土的耐久性

自密实混凝土的耐久性主要包括抗冻性、抗渗性、抗氯离子渗透性、收缩和徐变性能、抗腐蚀性等。

自密实混凝土具有较高的密实度，其孔隙率较低，因而抗冻性、抗渗性、抗腐蚀性较普通混凝土要好，但抗氯离子渗透性不及普通混凝土。

由于自密实混凝土采用较低的水胶比，加入了外加剂和掺合料，在硬化后具有良好的力学性能和耐久性。但自密实混凝土的收缩较普通混凝土要大，因收缩产生的裂缝或裂纹是自密实混凝土开裂的主要原因。为了减少收缩，通常需要加入膨胀组分。

提高自密实混凝土的耐久性，同样需要从原材料、配合比、施工工艺等方面进行试验研究。

1.3.4 存在的主要问题

① 工作性能是自密实混凝土的关键性能，保证自密实混凝土拌合物的工作性能仍是自密实混凝土的重点研究内容。

② 新型矿物掺合料的使用对自密实混凝土强度、收缩、耐久性能的影响，

需作系统深入研究。

③ 与其他材料或技术（纤维材料、钢管混凝土、自应力混凝土等）复合使用时，其力学性能、抗震性能值得更深入的研究。

1.4 钢管自密实混凝土研究现状

1.4.1 研究现状

作为钢-混凝土组合结构，钢管混凝土一方面利用核心混凝土提高钢管管壁受压稳定性；另一方面利用管壁的套箍作用，提高混凝土的抗压强度和延性。钢材和混凝土共同工作，充分发挥了两种材料的优点，相互弥补了彼此的不足。

钢管混凝土具有承载能力强、塑性和韧性好、施工方便、耐火性能好和经济高效等优点，能够适应现代工程结构向大跨、高耸、重载发展并满足承受恶劣条件的需要，符合现代施工技术工业化要求，因而在大型工业厂房、高层和超高层建筑、桥梁和重要结构中被越来越广泛应用，取得了良好的建筑效果和经济效益，已成为结构工程学科的一个热门方向，具有良好的发展前景。

然而无论是高层建筑物的钢管混凝土柱，还是钢管混凝土拱桥，都存在着钢管核心混凝土在施工中振捣困难甚至无法振捣的问题，导致密实困难，不仅混凝土的强度不能得到保证，钢管的约束效应也不能很好地发挥，混凝土对钢管的受压支撑作用也会受到影响，从而影响到构件的安全性能。

自密实混凝土具有无需振捣、均匀密实成型、能通过狭隘间隙等特性，特别适用于难以浇筑振捣甚至无法浇筑振捣的部位。自密实钢管混凝土结构就是用自密实混凝土代替普通泵送混凝土来充当核心混凝土，从而提高钢管和混凝土的协同工作性能的一种新型组合结构。

钢管自密实混凝土结构不仅要求自密实混凝土具有良好的自密实性和可泵性，而且还会有早强、高强和膨胀性等特殊要求，在进行配合比设计时应根据工程需要，采取相应措施：①选择具有高效减水、缓凝、早强和膨胀等效果的多组分外加剂或几种单组分外加剂；②掺入粉煤灰、矿渣、硅灰等掺合料，利用掺合料的特性，提高浆体的黏性，使混凝土不发生分层、离析和严重泌水现象；③同时加入外加剂和掺合料，提高混凝土的强度和耐久性；④通过优化配合比，优化各组成材料用量，保证混凝土的工作性能，减少干燥收缩。

已有研究成果表明：与钢管普通混凝土相比，通过优选原材料、矿物掺合料、外加剂和微膨胀技术配制的自密实高性能混凝土，将其填充到钢管中形成的钢管自密实混凝土，可以提高钢管与混凝土间的界面黏结强度，其力学性能、施工性能更优，并在工程中得到广泛应用，如干海子特大桥、蒲山特大桥、成都华置广场、深圳南方国际广场、美国西雅图双联广场等。

为了保证混凝土在钢管中能密实成型，防止混凝土自身体积收缩，要求自密实混凝土具备膨胀混凝土的性能。膨胀混凝土按其功能和产生自应力的大小，可分为自应力混凝土和补偿收缩混凝土。自应力混凝土的自应力值较大，一般大于 2.0MPa；而补偿收缩混凝土的自应力值较小，一般小于 1.0MPa。自应力的目的主要在于提高构件的工作能力和承载力，而补偿收缩的目的主要在于避免或减轻混凝土因体积收缩引起的开裂。目前，膨胀混凝土主要是通过使用膨胀水泥或掺入膨胀剂来进行配制，部分学者对掺入矿物掺合料进行了探索，钢管膨胀混凝土的配制和性能研究已经成为重要的研究方向。

与普通钢管混凝土相比，钢管自密实膨胀混凝土具有更好的可施工性、工作性能和承载能力。自密实混凝土无需振捣，其良好的工作性能可以保证内部核心混凝土的密实度，膨胀混凝土的膨胀性可以补偿内部核心混凝土的收缩；外包薄壁钢管的紧箍作用，对核心混凝土的膨胀变形形成约束，提高核心混凝土内部结构密实度，并且为核心混凝土提供一定的侧向预应力。钢管自密实膨胀混凝土充分挖掘了钢管混凝土结构的承载潜能，可以保证钢管和核心混凝土协调工作，从而有效解决普通混凝土存在的因体积收缩导致的钢 - 混组合界面的黏结问题。

王湛通过短柱力学试验，研究了加入膨胀剂对钢管膨胀混凝土力学性能的影响，找出了膨胀剂的最佳掺量，并研究了膨胀机理和微观特征。张戎令等进行了三种不同膨胀剂掺量的徐变试验，阐明了膨胀剂对徐变作用的微观机理。曹国辉等在室内自然环境下对 3 个混凝土圆柱体进行长期收缩变形试验研究，并采用最小二乘法对试验数据进行非线性拟合分析，研究钢管混凝土收缩机理。在钢管混凝土收缩机理研究的基础上，提出了钢管膨胀混凝土的收缩应变计算模型。

XU L 综合自密实混凝土、自应力混凝土和钢管混凝土技术，得到自密实自应力钢管混凝土。为了研究自应力混凝土的膨胀机理，对 6 个不同含钢率的试件进行了 47d 的连续观察，对环向和轴向的膨胀过程进行了研究，也对其膨胀机理进行了讨论。试验结果表明，蠕变和弹性变形占有效自由膨胀的大部分。同时也提出了环向和轴向自应力的计算公式。

CHANG X 对不同约束条件下膨胀混凝土的膨胀行为进行了系统研究。试验结果表明，不受约束条件的限制，膨胀变形在前 10d 明显增加，25d 后趋于稳定。膨胀水泥的混合比例和约束条件是影响膨胀变形的主要因素。当膨胀变形受到约束时可以获得自应力。当膨胀混凝土被钢管约束时，获得的自应力较高。钢管约束下的试件，钢管的壁厚和长度对自应力有重要影响。随钢管壁厚或长度增加，核心混凝土轴向和径向自应力增加。

RUI X 通过对 5 个试件进行轴压试验，从理论和试验两个方面对其变形和应力性能进行了分析研究。研究表明，基于套箍理论的极限承载力计算方程，对于钢管自密实微膨胀混凝土结构是适合和安全的。

朱国平等通过理论分析，建立了轴心受压钢管自密实混凝土短柱的承载力计算公式。并借助有限元分析软件 ANSYS，考虑了钢管与混凝土两种材料本构关系的非线性，对轴心受压钢管自密实混凝土短柱进行了非线性有限元分析，建立了钢管自密实混凝土短柱在轴心压力作用下的非线性有限元计算模型。通过数值模拟，分析验证了提出的钢管自密实混凝土轴心受压短柱承载力计算公式求得的结果，发现计算结果与有限元分析结果吻合良好。

大连理工大学黄承逵对钢管自应力自密实混凝土进行了系统研究。其通过对短柱试件膨胀性能的研究，认为：徐变变形和弹性变形占有效自由膨胀变形的 2/3 左右，需要加以重视，并采取措施加以控制。通过短柱轴压试件对其力学性能进行研究，发现：由于初始自应力的存在，与普通钢管混凝土相比，钢管自应力混凝土的弹性工作阶段延长了约 10%，承载力提高幅度为 5% ～ 20%。基于试验研究结果，提出了一种适用于自应力钢管混凝土短柱轴压计算的等效单轴本构模型，与传统的混凝土本构关系相比，这个本构关系考虑了自应力水平和套箍系数对核心混凝土的影响，计算简单方便。利用混凝土的边界面模型和钢材的弹塑性模型，建立自应力钢管混凝土轴压短柱的三维有限元模型并分析了自应力钢管混凝土轴压短柱的力学性能，计算结果和试验结果吻合较好。计算结果表明：由于自应力的影响，自应力钢管混凝土轴压短柱的承载力要高于普通钢管混凝土短柱，并且承载力随着自应力的增加而增加；自应力的变化并不能改变轴压构件荷载 - 应变曲线的变化趋势，含钢率不但对轴压构件的承载力有重要影响，而且是影响荷载 - 变形曲线变化趋势的主要因素。

丁庆军通过微膨胀剂的合理掺入和系列配合比优化设计，成功试配了钢纤维增韧自密实微膨胀钢管混凝土，并对其增韧及工作性能、力学性能、体积变形性能、抗冻性能等进行了研究，提出了钢管混凝土桁架梁式结构核心混凝土理想结构模型与自密实补偿收缩钢纤维钢管混凝土设计方法。

MgO 具有膨胀性，部分学者对其膨胀机理和应用进行了研究。河海大学梅明荣采用细观力学模型，对掺 MgO 混凝土的膨胀机理进行了研究，通过对外掺微膨胀混凝土结构温度补偿效应的研究，提出了掺 MgO 砂浆膨胀法计算温度应力，分析了不同结构区域膨胀量对整体结构的影响；通过自制试验仪器装置来测量混凝土的绝热温升，提出了结构设计的原则和方法。武汉大学袁明道针对世界上首座应用外掺 MgO 混凝土不分横缝筑坝技术的长沙拱坝，通过长期自生体积工程实际监测，研究了缓慢温降条件下自生体积变形的变形规律，揭示了影响 MgO 混凝土自生体积变形的主要因素；并同时提出了当量龄期法修正温度变化的自生体积变形双曲线模型。李方贤等利用自制的 MgO 膨胀剂，制备了 C50 MgO 微膨胀混凝土，并对其抗压强度、安定性、耐久性能、自生体积变形、徐变性能及其与钢管变形的协调性进行了研究。

1.4.2 存在的主要问题

① 钢管自密实混凝土结构设计理论不成熟，目前只能套用已有的钢管混凝土结构设计规范进行计算。

② 已有研究成果表明，和普通钢管混凝土相比，钢管自密实混凝土通过加入外加剂、掺合料改善混凝土性能的同时，并没有降低其短期强度，但是否会造成长期强度、收缩徐变性能、耐久性能等方面的影响，还有待进一步研究。

③ 钢管自密实混凝土界面结合情况对其力学性能和抗震性能有直接影响，但这方面的研究较少。

1.5 主要研究内容

在笔者前期部分研究基础上，本书拟探索内容如下：

① 原材料基本性质研究。采用现代测试分析手段，对试验用原材料的化学成分、粒度分布、矿物组成、显微结构等基本性质进行研究。

② 煤矸石脱硫渣净浆、胶砂膨胀特性及机理研究。用磨细脱硫渣等量取代水泥，研究水胶比、细度、掺量、激发剂、拆模时间等因素，对标准稠度用水量、浆体凝结时间、体积安定性、线性膨胀率、力学性能的影响，并进行机理分析。

③ 煤矸石脱硫渣自密实混凝土工作性能和力学性能研究。以水胶比、细度、掺量为变量，进行配合比设计，配制脱硫渣自密实混凝土；分析水胶比、细度、掺量对自密实混凝土工作性能的影响；对比分析水胶比、细度、掺量对自密实混凝土抗压强度的影响。

④ 不同约束条件（自由、单向限制、钢管限制）对脱硫渣自密实微膨胀混凝土膨胀性能影响研究。自由和单向限制条件下，通过试验研究掺量对其膨胀性能的影响，并进行对比分析；钢管限制条件下，通过试验研究水胶比、掺量、含钢率对其膨胀性能的影响并进行微观机理分析；通过建立膨胀模型，对钢管限制条件下膨胀变形进行模拟，并进行试验值和模拟值的对比分析。

⑤ 高性能混凝土力学性能对比研究。采用粉煤灰、脱硫灰、脱硫渣分别与硅灰进行复掺，制备C60以上高性能混凝土，测试其3d、28d与90d抗压强度，研究抗压强度受粉煤灰、脱硫灰、脱硫渣掺量变化的影响，并横向对比同掺量下掺合料种类对高性能混凝土强度的影响。

⑥ 高性能混凝土抗冻性及抗碳化性能对比研究。对混凝土试件进行 50 次抗冻性试验，检测 50 次试验后试块的质量及强度损失率，同时测试混凝土试块 3d、7d、14d、28d 抗碳化性能。研究抗冻性及抗碳化性能受粉煤灰、脱硫灰、脱硫渣掺量变化的影响，并横向对比同掺量下掺合料种类对混凝土抗冻性及抗碳化性能的影响。

⑦ 钢管自密实膨胀混凝土短柱轴心受压性能研究。进行短柱轴压试验，研究水胶比、掺量、含钢率、初始自应力对短柱承载力的影响；对比分析荷载 - 位移、荷载 - 应变关系曲线，建立短柱承载力计算方法；进行钢管自密实膨胀混凝土短柱轴压有限元分析。

2

CFB 灰渣膨胀特性和力学性能研究

与传统煤粉炉不同，循环流化床锅炉在燃烧时需要加入脱硫剂进行脱硫（脱硫剂一般为石灰石）。一方面，在脱硫过程中，燃料中的硫被固化下来，使得脱硫渣中的 SO_3 含量较普通煤粉炉粉煤灰的要高；另一方面，由于脱硫剂的加入，CaO 的含量也较高。同时为了提高脱硫效率，脱硫剂和燃料混合时，钙硫比必须高于脱硫反应的理论值，一般在 2 ～ 2.5 之间，导致脱硫渣中可能还含有脱硫剂残留并分解的 f-CaO。所以，脱硫渣具有“高硫”“高钙”的特殊性质。

已有研究表明，脱硫渣中的硫以在 850 ～ 900℃烧成的Ⅱ-$CaSO_4$ 形式存在，具有与天然硬石膏和 400℃煅烧石膏不同的性质，溶解速度相比要慢得多。脱硫渣中 f-CaO 被Ⅱ-$CaSO_4$ 包裹，它们的存在一方面对于激发脱硫渣的活性有利，另一方面会影响脱硫渣及胶凝材料的体积稳定性。

脱硫渣和水混合后，Ⅱ-$CaSO_4$ 溶解后会与活性 Al_2O_3、f-CaO 发生火山灰反应产生钙矾石，一方面有利于体系强度的提高，同时也会产生体积膨胀；f-CaO 水化为 $Ca(OH)_2$ 也会引起体积膨胀，CaO 水化为 $Ca(OH)_2$ 后体积将增大为原来的 1.98 倍，Ⅱ-$CaSO_4$ 水化结晶为 $CaSO_4 \cdot 2H_2O$ 体积增大到 2.26 倍，Ⅱ-$CaSO_4$ 溶于水与活性 Al_2O_3 和 $Ca(OH)_2$ 反应生成钙矾石体积增大到 2.22 倍，这些水化产物都会引起体积明显膨胀。此外，由于脱硫渣中Ⅱ-$CaSO_4$ 溶解速度较慢，在水化后期当Ⅱ-$CaSO_4$ 溶解度达到二水石膏的饱和溶解度时会结晶析出，此时体系已经具有一定的强度，其结晶膨胀可能会导致脱硫渣安定性不良。

脱硫渣体积稳定性差，直接使用会使制品后期表面开裂甚至产生膨胀性破坏，强度大幅下降，尤其是在养护环境水分充足的情况下。因此，脱硫渣的膨胀性问题能否得到有效解决，会直接影响其资源化利用进程。

为了解决脱硫渣的膨胀性问题，在研究过程中对脱硫渣进行磨细处理，期望起到三方面的作用：第一，通过粉磨增大脱硫渣的颗粒细度，使脱硫渣中的硬石膏能够在早期以较快速度溶解释放，参与水化反应。第二，通过粉磨将包裹在硬石膏内部的残余氧化钙暴露出来，提高体系的碱度，对活性 SiO_2 和 Al_2O_3 进行碱激发，充分发挥脱硫渣的火山灰活性。第三，与水泥相比，脱硫渣的需水量较高。因此，将脱硫渣磨细之后可以发挥其作为燃煤灰渣火山灰材料的微集料效应和火山灰效应，填补在水泥颗粒中，降低脱硫渣 - 水泥熟料体系的需水量，提高脱硫渣的火山灰活性。

已有研究表明，硫酸钠可促进硬石膏溶解，使硬石膏水化率提高，水化热集中，水化潜伏期缩短，水化进程加快；Na_2SO_4 还可提高二水石膏的析晶过饱和度，使二水石膏临界晶核半径减少，晶体成核与生长速率加快，晶体尺寸减小；Na_2SO_4 形成富 SO_4^{2-} 液相，有利于二水石膏晶体结构基元形成，高 SO_4^{2-} 浓度改变了晶面在不同轴向生长的相对速率，使 c 轴方向的生长具有优势，从而改变了二水石膏晶体生长习性，使二水石膏晶体由板状变为针柱状。但不利影响是硫酸钠会促使硬石膏体积膨胀。

本研究旨在通过控制硫酸钠的掺量，一方面激发硬石膏溶解，使其水化集中在早期进行；另一方面使其体积膨胀约束在可控范围之内。

2.1　原材料性质和测试方法

2.1.1　原材料及主要性质

2.1.1.1　煤矸石脱硫渣

本研究采用的煤矸石脱硫渣原渣为山西平朔煤矸石发电有限责任公司经循环流化床锅炉炉内脱硫后由炉底排出的废渣，磨细脱硫渣为原渣经标准球磨机粉磨 13min、25min、39min、55min、72min，并过 80μm 方孔筛得到，共 5 种不同细度脱硫渣，分别记为 T1、T2、T3、T4、T5，其宏观形貌如图 2.1 所示。

煤矸石脱硫渣原渣粗细颗粒混杂，结构较为疏松，易磨性好，粉磨后的磨细脱硫渣总体上呈灰褐色。

（1）化学成分

本试验所用煤矸石脱硫渣化学成分如表 2.1 所示。与表 1.1 相比，本试验所用煤矸石脱硫渣 SO_3 偏高，SiO_2 和 Al_2O_3 含量也较高。

(a) 原渣 (b) T1

(c) T2 (d) T3

(e) T4 (f) T5

图 2.1 原渣和磨细脱硫渣

表 2.1 煤矸石脱硫渣主要化学成分 单位：%

SiO_2	Al_2O_3	CaO	SO_3	Fe_2O_3	MgO	TiO_2	K_2O	P_2O_5	Na_2O	MnO	Cl	ZnO
42.19	25.9	10.99	5.91	3.10	1.35	0.84	0.79	0.12	0.06	0.03	0.02	0.01

（2）矿物组成

煤矸石脱硫渣的矿物组成如图 2.2 所示，其主要矿物有石英、硬石膏、游离氧化钙、赤铁矿、方解石等。

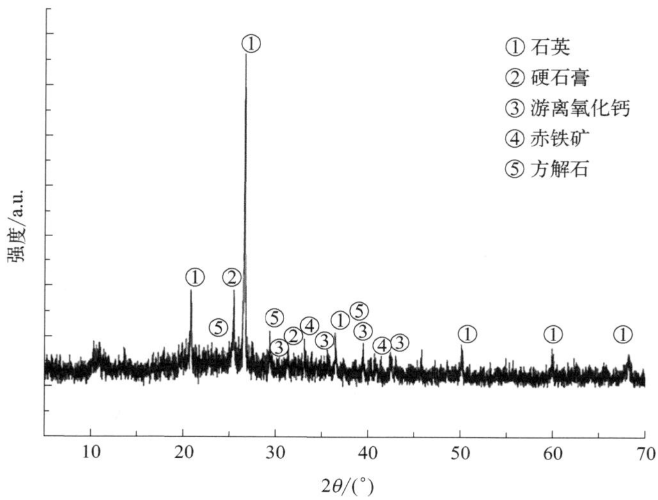

图 2.2 煤矸石脱硫渣的 X 射线衍射图谱

（3）粒度分布

不同粉磨时间的磨细煤矸石脱硫渣比表面积和粒度分布如表 2.2 所示，粒径分布图如图 2.3 所示。

随粉磨时间延长，试样比表面积增大，但粉磨时间超过 55min 后，继续粉磨到 72min，比表面积反而减小了，这是由于颗粒太小产生静电，形成了“团聚”。

不同粉磨时间对应粒径的分计曲线和累计曲线，如图 2.3 所示。

表 2.2　磨细煤矸石脱硫渣比表面积和粒度分布

粉磨时间 /min	比表面积 /（m^2/kg）	X10 /μm	X50 /μm	X90 /μm	X98 /μm
13	260	1.98	37.61	132.02	185.81
25	330	1.60	22.28	84.78	124.57
39	400	1.40	15.07	63.86	97.23
55	650	0.92	7.76	39.62	59.19
72	630	0.94	8.02	42.18	65.35

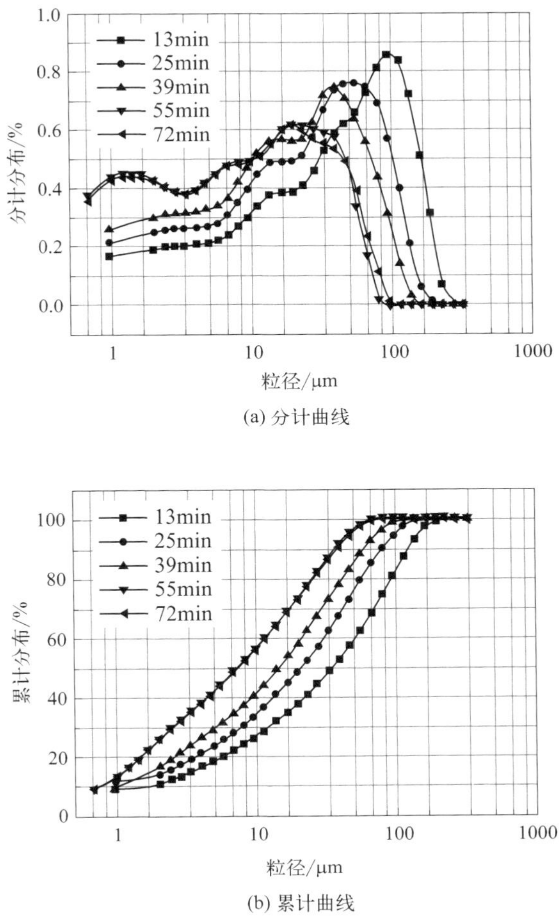

(a) 分计曲线

(b) 累计曲线

图 2.3　脱硫渣不同粉磨时间的粒径分布

（4）微观形貌

图 2.4 显示了原渣和磨细脱硫渣的微观形貌。通过 SEM 观察，可以看出脱硫渣原渣表面疏松多孔；粉磨后，粒径虽然有所降低，但疏松多孔的表面特征并没有改变。脱硫灰渣的形貌特征导致其具有吸水性高的特性。脱硫灰渣标准稠度需水量大大高于粉煤灰，大约是粉煤灰的 2 倍。

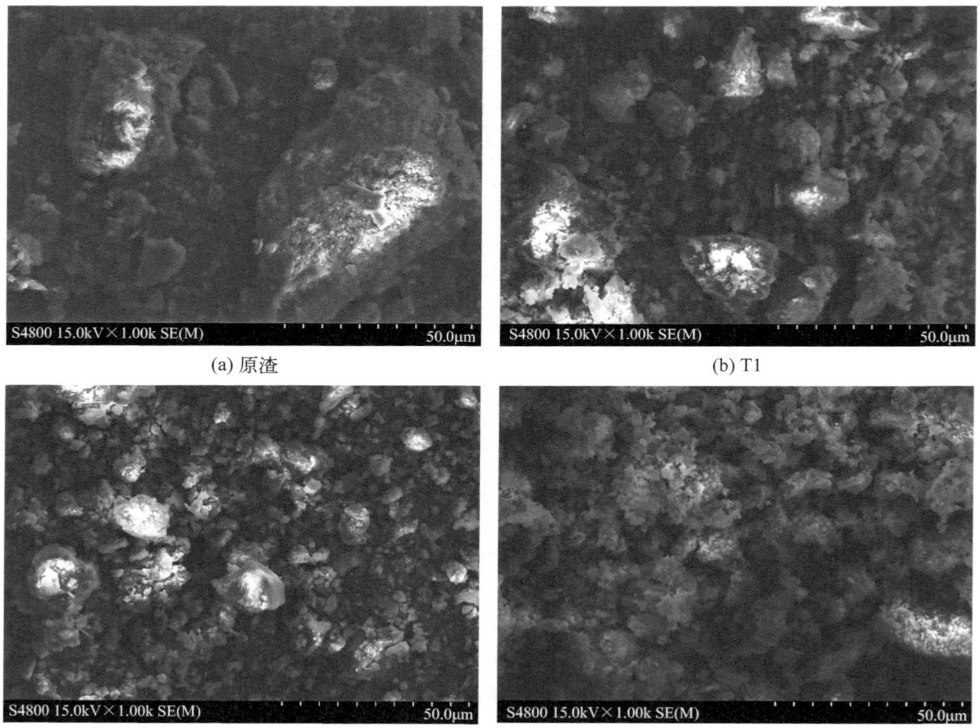

(a) 原渣　(b) T1　(c) T3　(d) T5

图 2.4　煤矸石脱硫渣微观形貌

2.1.1.2　水泥熟料和脱硫石膏

水泥熟料采用智海集团榆次水泥厂生产的水泥熟料，经 5kg 标准球磨机粉磨 35min，测得密度为 3.17g/cm^3，比表面积为 415.9m^2/kg；石膏采用燃煤电厂脱硫石膏，化学组成分别见表 2.3 和表 2.4。

表 2.3 水泥熟料主要化学组成 单位：%

CaO	SiO_2	Al_2O_3	Fe_2O_3	MgO	SO_3	K_2O	TiO_2	Na_2O	MnO	P_2O_5
66.65	21.63	4.29	3.48	1.90	0.94	0.62	0.19	0.11	0.09	0.08

表 2.4 脱硫石膏主要化学组成 单位：%

$CaSO_4$	SiO_2	MgO	F	Al_2O_3	Cl	Fe_2O_3	Na_2O	K_2O	SO_3	TiO_2	P_2O_5
94.72	1.79	1.62	0.68	0.44	0.23	0.16	0.14	0.13	0.04	0.03	0.01

利用 XRD 对水泥熟料矿物组成进行了分析，其主要熟料矿物有硅酸三钙、硅酸二钙、铝酸三钙和铁铝酸四钙等，如图 2.5 所示。

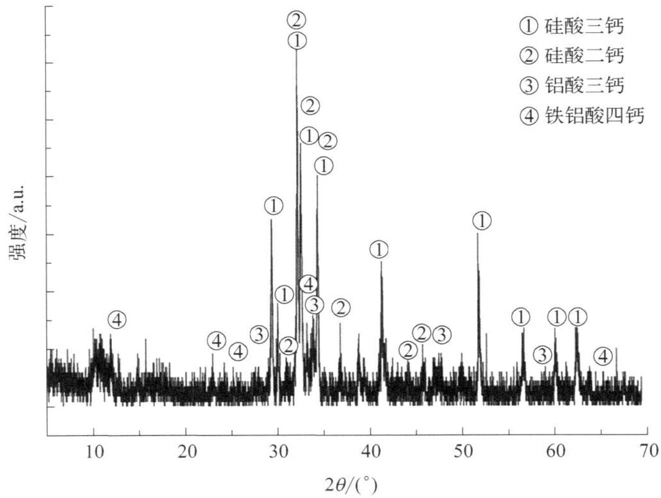

图 2.5 水泥熟料矿物组成

2.1.1.3 水泥

水泥采用智海集团榆次水泥厂生产的 42.5 普通硅酸盐水泥，密度为 3.10g/cm^3，其主要化学成分和基本性能见表 2.5 和表 2.6。

表 2.5 水泥化学成分 单位：%

CaO	SiO_2	Al_2O_3	Fe_2O_3	MgO	SO_3	K_2O	TiO_2	Na_2O	MnO	P_2O_5
65.88	20.84	4.14	3.35	1.89	2.80	0.60	0.18	0.11	0.09	0.08

表 2.6 水泥胶砂标准强度值 单位：MPa

龄期	3d	7d	28d
抗折强度	5.5	7.0	8.7
抗压强度	26.1	29.6	50.3

2.1.1.4 砂

砂子采用豆罗河砂，中砂，实测表观密度 2654kg/m^3，堆积密度 1472kg/m^3，含泥量 0.7%，细度模数为 2.8。

2.1.1.5 外加剂

外加剂采用聚羧酸高效减水剂，固含量为 30%，减水率为 24%，泌水率比为 28%，含气量 2.3%，抗压强度比为 145%。

2.1.1.6 硫酸钠

硫酸钠采用天津市光复科技发展有限公司生产的固体硫酸钠。

2.1.1.7 水

采用自来水。

2.1.2 测试方法

2.1.2.1 基本物理化学性质

① 密度。依据《水泥密度测定方法》（GB/T 208—2014）测试。

② 比表面积。依据《水泥比表面积测定方法　勃氏法》（GB/T 8074—2008）测试。

③ 砂子、石子质量。依据《普通混凝土用砂、石质量及检验方法标准》（JGJ 52—2006）测试。

④ 化学成分。依据《水泥化学分析方法》（GB/T 176—2008）进行测试。

⑤ 粒度分布。采用德国新帕泰克 HELOS-RODOS 激光粒度仪测试。

2.1.2.2 微观特性

① 微观形貌。采用 Hitachi S4800 扫描电镜测试。

② 矿物组成。采用日本理学公司生产的 D/max-rB-X 射线分析仪测试。

2.1.2.3 净浆初终凝、标准稠度用水量和安定性

依据《水泥标准稠度用水量、凝结时间、安定性检验方法》（GB/T 1346—2011）测试。

2.1.2.4 强度

（1）胶砂强度

通过调整聚羧酸高效减水剂的掺量来控制胶砂流动度，胶砂流动度控制范围为 130 ～ 140mm，胶砂流动度依据《水泥胶砂流动度测定方法》（GB/T 2419—2005）测试。

依据《水泥胶砂强度检验方法（ISO 法）》（GB/T 17671—1999），胶砂比取 1 ∶ 2，测试抗折强度和抗压强度。

试样成型后，放入（20±1）℃，相对湿度大于 95% 的标准养护箱养护，1d 后取出拆模，然后放入水中养护。

（2）混凝土强度

混凝土试模采用 100mm×100mm×100mm 的立方体试模，试样成型后，放入（20±2）℃，相对湿度大于 95% 的标准养护箱养护，1d 后取出拆模，然后放入水中养护。养护到龄期后采用混凝土压力试验机测试抗压强度。

2.1.2.5 胶砂线性膨胀率

参照《水泥胶砂干缩试验方法》（JC/T 603—2004）进行。采用尺寸为 25mm×25mm×280mm 的三联模，试件成型后放入（20±2）℃，相对湿度大于 95% 的标准养护箱养护，1d 后取出拆模，测定试件初始长度 L_0，此后放入水中

养护，测定任一龄期的试件长度值 L_1，依据公式 $(L_1 - L_0)/L_0 \times 100\%$，计算各龄期胶砂线性膨胀率。

2.2 脱硫渣-水泥净浆的标准稠度用水量、凝结时间、安定性

为了研究物理粉磨、化学激发以及掺量对脱硫渣膨胀特性的影响，采用5种不同细度、5种掺量、1种硫酸钠激发剂做单一因素试验。各种材料的用量如表2.7所示，试验结果如表2.8所示。

表2.7 净浆拌制原材料用量表

组别	细度	掺量/%	胶凝材料/g	水泥熟料/g	脱硫石膏/g	脱硫渣/g	硫酸钠/g
J1	T1（13min）	30	500	336	14	150	0
J2	T2（25min）	30	500	336	14	150	0
J3	T3（39min）	30	500	336	14	150	0
J4	T4（55min）	30	500	336	14	150	0
J5	T5（72min）	30	500	336	14	150	0
J6	—	0	500	480	20	0	0
J7	T3（39min）	10	500	432	18	50	0
J8	T3（39min）	20	500	384	16	100	0
J9	T3（39min）	40	500	288	12	200	0
J10	T3（39min）	50	500	240	10	250	0
J11	T3（39min）	30	500	336	14	150	5
J12	T3（39min）	30	500	336	14	150	7.5
J13	T3（39min）	30	500	336	14	150	10

表 2.8 脱硫渣 - 水泥净浆的标准稠度用水量、凝结时间、安定性试验结果

组别	细度	掺量 /%	标准稠度用水量 /%	初凝时间 /min	终凝时间 /min	安定性（CaO）	雷氏值 /mm	安定性（SO_3）
J1	T1（13min）	30	25.6	132	157	合格	2.2	合格
J2	T2（25min）	30	27.2	141	164	合格	1.5	合格
J3	T3（39min）	30	27.6	131	158	合格	1.2	合格
J4	T4（55min）	30	28.0	121	141	合格	0.8	合格
J5	T5（72min）	30	27.4	145	174	合格	0.5	合格
J6	—	0	24.0	128	146	合格	0.4	合格
J7	T3（39min）	10	26.6	156	188	合格	0.6	合格
J8	T3（39min）	20	27.2	144	184	合格	0.8	合格
J9	T3（39min）	40	28.4	154	179	合格	1.4	合格
J10	T3（39min）	50	30.2	150	195	合格	1.8	合格
J11	T3（39min）	30	27.4	114	156	合格	2.0	合格
J12	T3（39min）	30	27.4	111	153	合格	2.2	合格
J13	T3（39min）	30	27.5	102	139	合格	2.5	合格

2.2.1 脱硫渣细度对净浆标准稠度用水量、凝结时间、安定性的影响

在磨细脱硫渣取代胶凝材料总量 30% 的情况下，研究脱硫渣细度对脱硫渣 - 水泥净浆（下文简称“净浆”）标准稠度用水量、凝结时间、安定性的影响。

2.2.1.1 对净浆标准稠度用水量的影响

从图 2.6 来看，随脱硫渣细度增大，标准稠度用水量呈先增大后减小的趋势。在细度为 T1（13min）时，标准稠度用水量最小，此后开始增大，在细度为 T4（55min）时，标准稠度用水量达到最大，此后开始下降。总体而言，脱硫渣细度对净浆标准稠度用水量的影响不显著。与 J6 组不掺脱硫渣水泥净浆相

比，掺30%脱硫渣的水泥净浆，其需水量随脱硫渣细度的增加有不同程度的增加，但增加幅度较小。

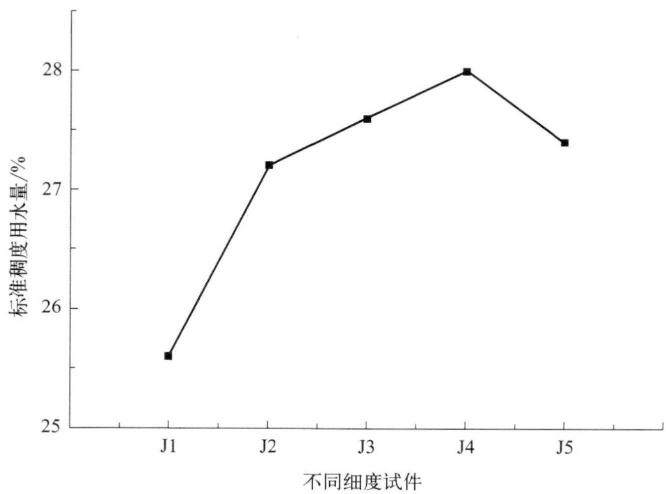

图 2.6 脱硫渣细度与净浆标准稠度用水量的关系

研究表明，粉煤灰的标准稠度用水量主要和颗粒形状、大小、比表面积有关。用水量主要包括两部分，即填充水和包裹水。填充水填充颗粒之间的空隙，而包裹水则包裹颗粒的表面。随粉磨时间的增长，需要的填充水会下降，这是由于粉磨可以降低不规则颗粒的数量，使其形成均匀的颗粒，使整体匀质化；与此同时，包裹水会增加，这是由于粉磨会使颗粒的比表面积增大。当填充水的影响大于包裹水的影响时，表现为标准稠度用水量减小；反之，当包裹水的影响大于填充水的影响时，标准稠度用水量会增大。由图2.6可知，在55min前，包裹水的影响大于填充水的影响，因而表现为标准稠度用水量增长；55min后，则刚好相反。

脱硫渣粉磨时间与比表面积的关系如图2.7所示。对图2.6和图2.7进行对比分析，可以发现：标准稠度用水量随脱硫渣细度的变化规律，与比表面积的规律是一致的。随粉磨时间增加，脱硫渣比表面积也呈现先增大后减小的态势，在T4（55min）达到最大，此后开始下降。这也说明采用球磨机进行脱硫渣粉磨，并不是粉磨时间越长，细度越大，比表面积越大；而是在T4（55min）达到极值。其原因在于：脱硫渣磨细到一定程度后会由于静电作用发生“团聚”现象，导致测得的比表面积值变小。T5（72min）的微观形貌图页正印证了这一点。

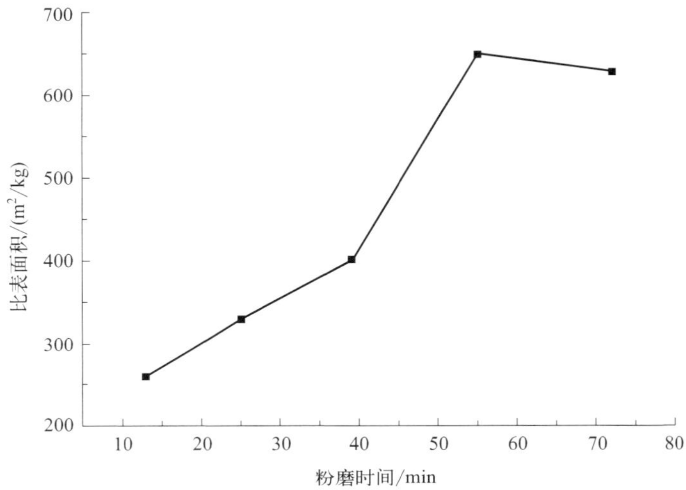

图 2.7　脱硫渣粉磨时间与比表面积的关系

标准稠度用水量与脱硫渣比表面积随脱硫渣细度变化规律的一致性，说明脱硫渣比表面积是控制标准稠度用水量的主要因素。

2.2.1.2　对净浆凝结时间的影响

由图 2.8 可以看出，脱硫渣细度对其净浆初凝时间和终凝时间的影响规律是一致的。J4 初终凝时间最短，说明磨细脱硫渣细度为 T4 时，胶凝材料体系活性最好，水化反应最快。

总体上，脱硫渣细度对净浆凝结时间影响不大。最短初凝时间（J4）与最长初凝时间（J5）仅相差 23min，最短终凝时间（J4）与最长终凝时间（J5）仅相差 33min。

2.2.1.3　对净浆安定性的影响

采用雷氏法和试饼法分别对净浆安定性进行检验，结果均合格。雷氏法主要用于检验 CaO 引起的体积安定性不良问题，而试饼法则主要用于检验 SO_3 引起的体积安定性不良问题。

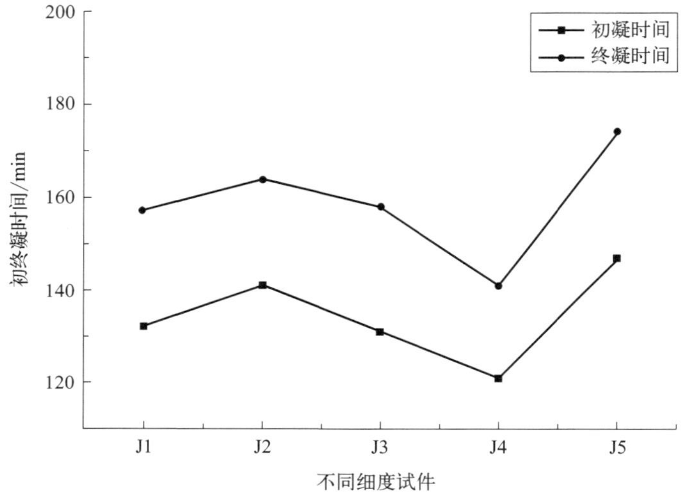

图 2.8 脱硫渣细度与净浆凝结时间的关系

图 2.9 反映了雷氏值随细度变化的情况，从试验结果来看，随细度增加，雷氏值减小。说明对脱硫渣粉磨有利于消除体积安定性不良的问题。

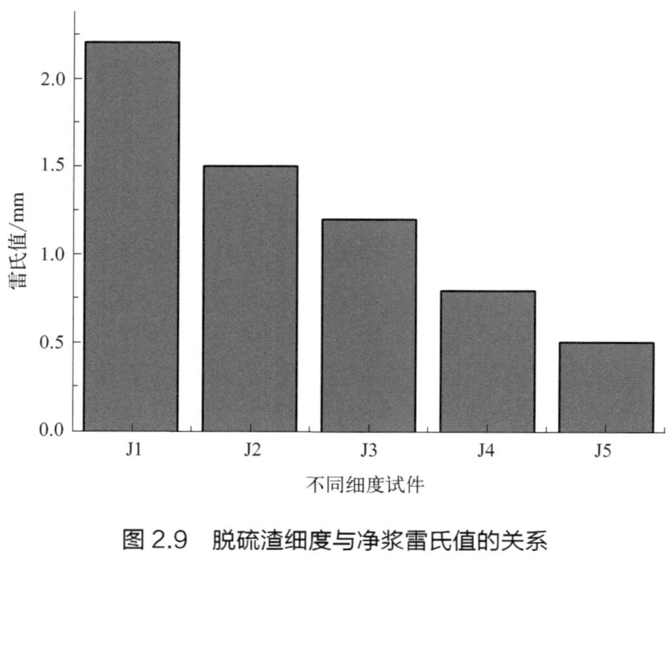

图 2.9 脱硫渣细度与净浆雷氏值的关系

2.2.2 脱硫渣掺量对净浆标准稠度用水量、凝结时间、安定性的影响

采用细度为 T3（39min）的磨细脱硫渣，以不同掺量取代水泥，考查脱硫渣掺量对脱硫渣 - 水泥胶凝体系的影响。

2.2.2.1 对净浆标准稠度用水量的影响

脱硫渣表面疏松多孔，吸水性大，理论上，掺有脱硫渣的试样，其标准稠度用水量应比纯水泥净浆要大。

从图 2.10 可以看出，随着磨细脱硫渣掺量的增加，标准稠度用水量不断增大，但总体上相差不大，50% 掺量的 J10 试样与 10% 掺量的 J7 试样，标准稠度用水量仅相差 3.6%。

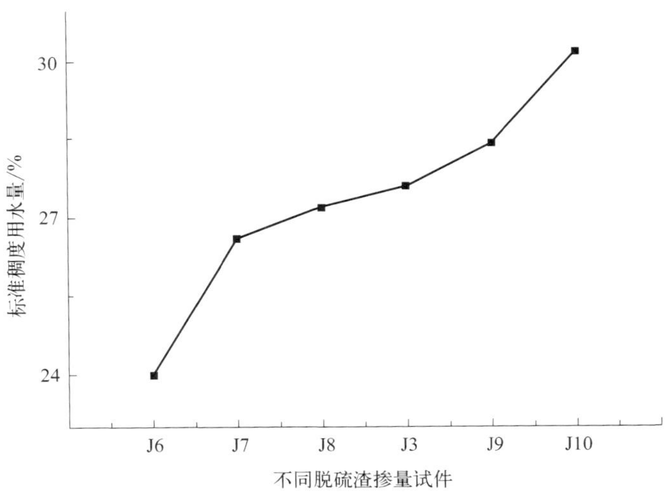

图 2.10 脱硫渣掺量与净浆标准稠度用水量的关系

2.2.2.2 对净浆凝结时间的影响

水泥生产过程中，需要在水泥熟料中加入适量石膏，其目的是调节水泥的凝结硬化速度。若不掺石膏或石膏掺量不足，水泥会发生瞬凝现象，这是由于铝酸三钙

在溶液中电离出 Al^{3+}，它与硅酸钙凝胶的电荷相反，促使胶体凝聚。加入石膏后，石膏与水化铝酸钙作用，生产钙矾石，难溶于水，其沉淀在水泥颗粒表面上形成保护膜，降低了溶液中 Al^{3+} 的浓度，并阻碍铝酸三钙的水化，延缓了水泥的凝结。但如果石膏掺量过大，会促使水泥凝结加快，还会在后期引起水泥石的胀裂破坏。

脱硫渣中含有硬石膏，通过粉磨可以将其活化，使其更早地参与到水化中来，避免后期水化导致膨胀开裂。将细度为 T3（39min）的磨细脱硫渣，按 10%、20%、30%、40%、50% 的掺量取代水泥，意味着他们中将含有不同数量的硬石膏，图 2.11 给出了净浆凝结时间随脱硫渣掺量变化的关系。

从试验结果来看，J3（30%）初、终凝时间最短，J10（50%）初、终凝时间最长。二者初凝时间相差 25min，终凝时间相差 37min。

与不掺磨细脱硫渣的 J6 相比，掺入 10% ～ 50% 的磨细脱硫渣，均会延缓水泥凝结。

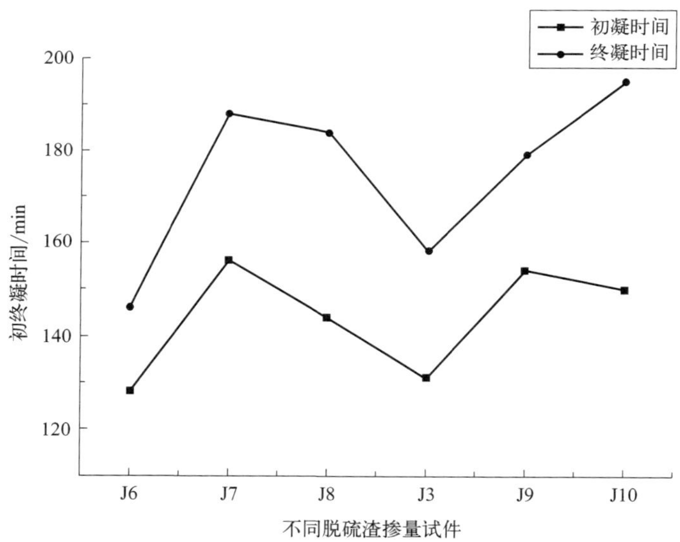

图 2.11 脱硫渣掺量与净浆凝结时间的关系

2.2.2.3 对净浆安定性的影响

如图 2.12 所示，净浆雷氏值随脱硫渣掺量变化的规律非常明显：随脱硫渣掺量的增大，其净浆膨胀性越大，测得的雷氏值越大。原因是脱硫渣掺量越大，游离氧化钙和硬石膏含量越大，导致膨胀性越大。

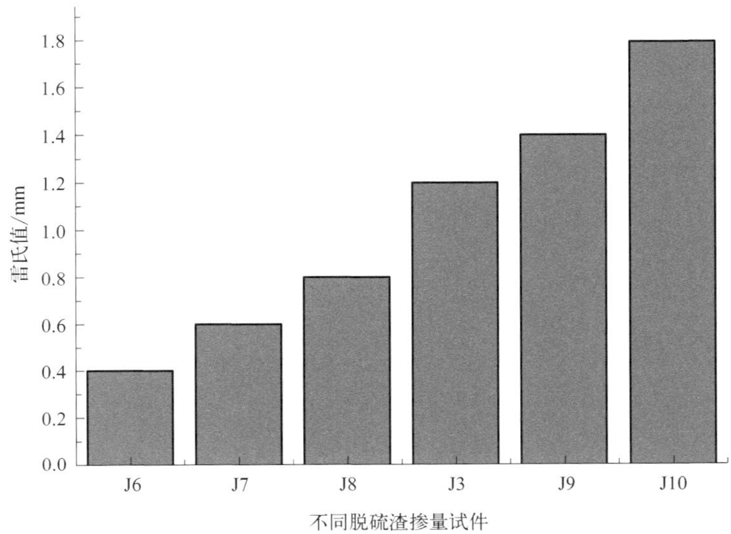

图 2.12 脱硫渣掺量与净浆雷氏值的关系

2.2.3 硫酸钠掺量对净浆标准稠度用水量、凝结时间、安定性的影响

在细度为 T3（39min），脱硫渣掺量为 30% 的 J3 配比的基础上，分别掺入 1%、1.5%、2% 的硫酸钠，研究硫酸钠掺量对净浆性能的影响。

2.2.3.1 对净浆标准稠度用水量的影响

由图 2.13 可以看出，与未掺硫酸钠时相比（J3），掺入硫酸钠后标准稠度用水量略有减少，但幅度很小，最大仅相差 0.2%。说明硫酸钠的掺入对标准稠度用水量影响不大，这可能与硫酸钠掺量小有关。

2.2.3.2 对净浆凝结时间的影响

图 2.14 给出了净浆凝结时间随硫酸钠掺量变化的关系图。可以看出，净浆

凝结时间和硫酸钠掺量成负相关。随硫酸钠掺量的增加，净浆初凝时间和终凝时间呈缩短的态势。说明硫酸钠能够促进浆体凝结，而且掺量越大，凝结时间越短。

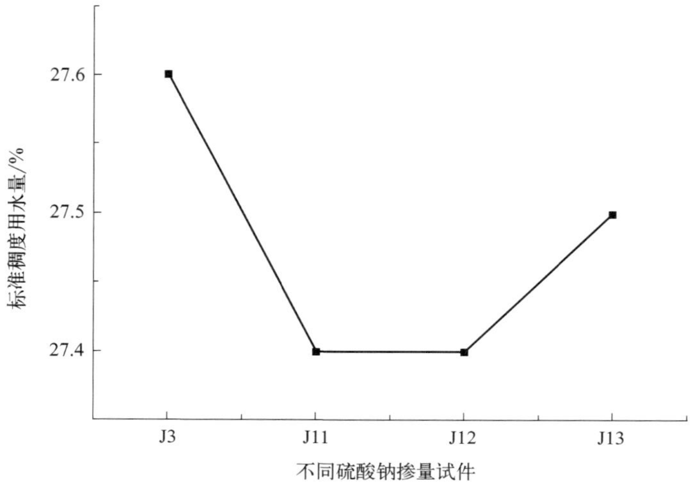

图 2.13 硫酸钠掺量与净浆标准稠度用水量的关系

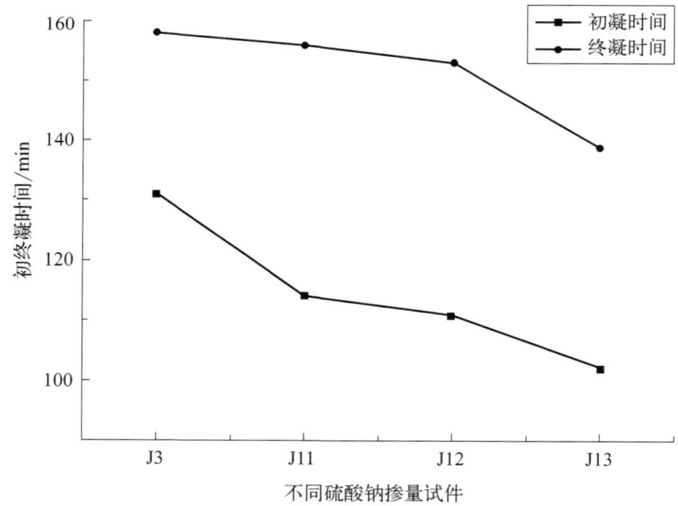

图 2.14 硫酸钠掺量与净浆凝结时间的关系

2.2.3.3 对净浆安定性的影响

从图 2.15 可以看出，掺入硫酸钠后，其雷氏值比不掺硫酸钠时的雷氏值要大。而且随硫酸钠掺量的增加，雷氏值也不断增大，硫酸钠掺量与雷氏值成正相关。但雷氏值最大仅 2.5mm，全部合格。此外，采用试饼法测试净浆安定性，亦全部合格。

硫酸钠的掺入会引起浆体体积膨胀，但通过控制硫酸钠的掺量，总膨胀量是可以控制的。

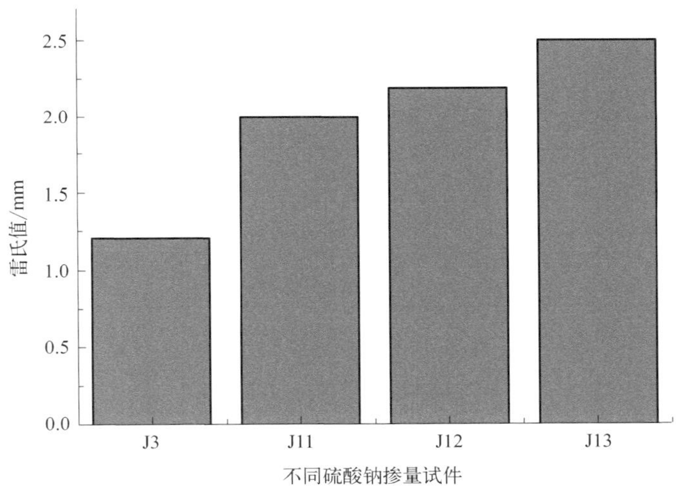

图 2.15 硫酸钠掺量与净浆雷氏值的关系

2.3 脱硫渣 - 水泥胶砂的膨胀特性和力学性能

2.3.1 胶砂膨胀特性和力学性能试验方案

2.3.1.1 胶砂膨胀特性试验方案

为了对比分析脱硫渣细度、脱硫渣掺量、硫酸钠掺量、水胶比对脱硫渣 -

水泥胶砂（下文简称“胶砂”）膨胀特性的影响，本试验水胶比 W/B 取 0.3、0.34、0.38，脱硫渣细度取 T1 ～ T5，磨细脱硫渣掺量取胶凝材料总质量的 10%、20%、30%、40%、50%，硫酸钠掺量取胶凝材料总质量的 1%、1.5%、2%，水泥与标准砂比例为 1 ∶ 2（质量比），共 15 个配比，参照《水泥胶砂干缩试验方法》（JC/T 603—2004）进行试件制作。胶砂配比及材料用量如表 2.9 所示。

表 2.9 胶砂线性膨胀率试验材料用量

配比编号	水胶比	细度	脱硫渣掺量 /%	胶凝材料 /g	水泥熟料 /g	脱硫石膏 /g	脱硫渣 /g	硫酸钠 /g	标准砂 /g	水 /g	聚羧酸减水剂 /%
SP1	0.3	T1（13min）	30	400	268.8	11.2	120	0	800	120	1.0
SP2	0.3	T2（25min）	30	400	268.8	11.2	120	0	800	120	0.9
SP3	0.3	T3（39min）	30	400	268.8	11.2	120	0	800	120	1.0
SP4	0.3	T4（55min）	30	400	268.8	11.2	120	0	800	120	0.9
SP5	0.3	T5（72min）	30	400	268.8	11.2	120	0	800	120	0.8
SP6	0.3	—	0	400	384	16	0	0	800	120	0.5
SP7	0.3	T3（39min）	10	400	345.6	14.4	40	0	800	120	0.8
SP8	0.3	T3（39min）	20	400	307.2	12.8	80	0	800	120	0.8
SP9	0.3	T3（39min）	40	400	230.4	9.6	160	0	800	120	1.1
SP10	0.3	T3（39min）	50	400	192	8	200	0	800	120	1.2
SP11	0.3	T3（39min）	30	400	268.8	11.2	120	4	800	120	1.2
SP12	0.3	T3（39min）	30	400	268.8	11.2	120	6	800	120	1.4
SP13	0.3	T3（39min）	30	400	268.8	11.2	120	8	800	120	1.6
SP14	0.34	T3（39min）	30	400	268.8	11.2	120	0	800	136	0.4
SP15	0.38	T3（39min）	30	400	268.8	11.2	120	0	800	152	0.0

为了使各配比试样具有统一的可比性，要求各配比试样具有相同的流动度。

本试验通过加入聚羧酸减水剂来调节胶砂的流动度，严格控制胶砂流动度范围为 130 ～ 140mm。聚羧酸减水剂的掺量以胶凝材料的百分率计。胶砂流动度依照《水泥胶砂流动度测定方法》（GB/T 2419—2005）测定。

为了保证减水剂的使用效果，在膨胀试件成型前进行了减水剂相容性试验和减水率试验。试验结果表明减水剂和磨细脱硫渣 - 水泥胶凝体系相容性良好，并为减水剂的掺量提供了初步依据。

膨胀试件成型后，放入标准养护箱养护，到达拆模时间后及时拆模，测量初始长度值后，放入水中养护，此后分别测量规定龄期长度值，计算膨胀值和膨胀率，最终结果如表 2.10 所示。

表 2.10 胶砂线性膨胀率

编号	线性膨胀率 /×10^{-6}										
	1d	2d	3d	7d	14d	21d	28d	56d	90d	120d	150d
SP1	0	−167	−173	−73	−103	−87	−66	−47	−33	−53	−53
SP2	0	120	97	147	63	127	171	197	207	203	200
SP3	0	140	117	183	87	167	205	213	227	217	213
SP4	0	160	147	207	113	193	232	240	253	243	243
SP5	0	233	173	233	143	207	241	260	273	253	253
SP6	0	−147	−140	−100	−120	−60	−67	−100	−100	−70	−90
SP7	0	20	−60	−7	−57	−30	−17	−7	20	20	−13
SP8	0	83	67	127	40	120	147	137	143	133	153
SP9	0	260	290	370	320	370	400	400	420	380	380
SP10	0	370	390	510	460	500	520	520	540	520	520
SP11	0	220	240	127	147	193	213	215	235	240	233
SP12	0	233	247	153	160	207	217	237	241	245	247
SP13	0	273	283	193	227	240	240	253	260	267	280

续表

编号	线性膨胀率 /×10^{-6}										
	1d	2d	3d	7d	14d	21d	28d	56d	90d	120d	150d
SP14	0	513	473	533	473	560	587	633	633	620	600
SP15	0	820	800	860	760	880	880	900	920	900	880

2.3.1.2 胶砂力学性能试验方案

为了对比分析胶砂强度和膨胀特性的关系，胶砂强度试件采用和膨胀试件相同的配比，材料用量如表 2.11 所示。

表 2.11 胶砂强度试验材料用量

配比编号	水胶比	细度	脱硫渣掺量 /%	胶凝材料 /g	水泥熟料 /g	脱硫石膏 /g	脱硫渣 /g	硫酸钠 /g	标准砂 /g	水 /g	聚羧酸减水剂 /%
SQ1	0.3	T1（13min）	30	500	336	14	150	0	1000	150	1.0
SQ2	0.3	T2（25min）	30	500	336	14	150	0	1000	150	0.9
SQ3	0.3	T3（39min）	30	500	336	14	150	0	1000	150	1.0
SQ4	0.3	T4（55min）	30	500	336	14	150	0	1000	150	0.9
SQ5	0.3	T5（72min）	30	500	336	14	150	0	1000	150	0.8
SQ6	0.3	—	0	500	480	20	0	0	1000	150	0.5
SQ7	0.3	T3（39min）	10	500	432	18	50	0	1000	150	0.8
SQ8	0.3	T3（39min）	20	500	384	16	100	0	1000	150	0.8
SQ9	0.3	T3（39min）	40	500	288	12	200	0	1000	150	1.1
SQ10	0.3	T3（39min）	50	500	240	10	250	0	1000	150	1.2
SQ11	0.3	T3（39min）	30	500	336	14	150	5	1000	150	1.2
SQ12	0.3	T3（39min）	30	500	336	14	150	7.5	1000	150	1.4
SQ13	0.3	T3（39min）	30	500	336	14	150	9	1000	150	1.6

续表

配比编号	水胶比	细度	脱硫渣掺量 /%	胶凝材料 /g	水泥熟料 /g	脱硫石膏 /g	脱硫渣 /g	硫酸钠 /g	标准砂 /g	水 /g	聚羧酸减水剂 /%
SQ14	0.34	T3（39min）	30	500	336	14	150	0	1000	170	0.4
SQ15	0.38	T3（39min）	30	500	336	14	150	0	1000	190	0.0

试件到达规定龄期后，首先测试抗折强度，然后测试抗压强度，测试结果见表 2.12。

表 2.12　胶砂强度测试结果　　单位：MPa

配比编号	抗折强度			抗压强度		
	3d	7d	28d	3d	7d	28d
SQ1	17.2	18.3	22.7	33.4	42.8	49.1
SQ2	18.9	21.8	24.5	37.0	50.4	65.6
SQ3	18.9	22.0	26.1	38.5	52.1	70.1
SQ4	19.1	22.4	26.7	39.0	57.0	72.8
SQ5	19.7	23.0	27.5	45.8	58.5	78.7
SQ6	23.6	24.6	28.1	48.6	49.7	69.0
SQ7	22.3	23.5	27.7	47.3	49.5	68.1
SQ8	21.4	24.4	28.1	42.8	46.2	67.8
SQ9	18.3	22.3	25.5	36.3	45.6	69.5
SQ10	15.5	19.9	25.3	32.0	42.7	65.7
SQ11	24.2	26.8	27.1	45.2	54.0	70.6
SQ12	26.3	28.8	29.4	47.4	57.4	71.4
SQ13	27.7	30.0	31.7	51.1	58.1	72.7
SQ14	16.0	20.3	24.9	37.1	46.9	65.1
SQ15	14.6	19.5	23.9	35.6	41.2	54.2

2.3.2 脱硫渣细度对胶砂膨胀特性和力学性能的影响

2.3.2.1 对胶砂膨胀特性的影响

从图 2.16 可以看出，随龄期增长，SP1 早期呈现出明显的收缩特性，而 SP2、SP3、SP4、SP5 表现出明显的膨胀特性，且脱硫渣粉磨时间越长，线性膨胀率越大。但由于脱硫渣的总掺量均为 30%，除 SP1 外，其余四种配比的线性膨胀率总体差别较小。

磨细脱硫渣胶砂线性膨胀率在前期有较大幅度的波动。拆模后，有一个膨胀或收缩集中释放期，7 ～ 14d 呈收缩态势，此后继续膨胀，在 28d 后基本趋于稳定。

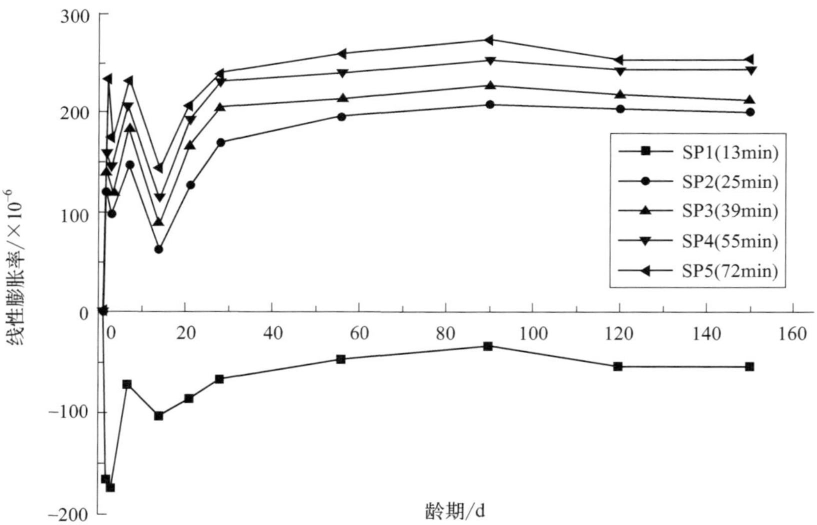

图 2.16 不同细度胶砂线性膨胀率与龄期的关系

2.3.2.2 对胶砂力学性能的影响

不同龄期胶砂抗折强度和抗压强度随脱硫渣细度的变化规律是一致的，如图 2.17 所示。

随龄期增长，各个细度脱硫渣配制的胶砂抗压强度也在增长；在各个龄期，随脱硫渣粉磨时间的延长，抗压强度均呈现增大趋势。这说明磨细脱硫渣 28d 前的抗压强度随龄期是不断增长的，磨细有利于脱硫渣活性的发挥，粉磨时间越长，抗压强度越大。

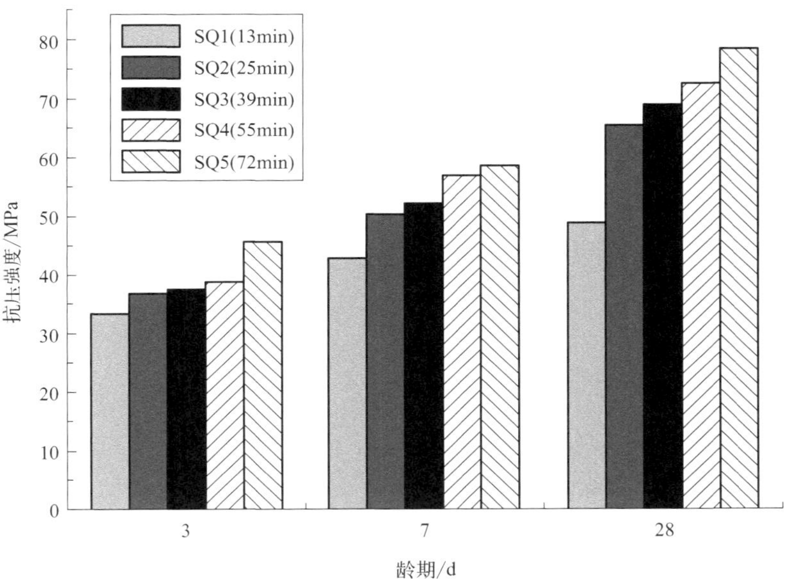

图 2.17 不同脱硫渣细度、不同龄期胶砂的抗压强度

2.3.2.3 脱硫渣细度对胶砂膨胀特性和强度影响的相关性分析

由图 2.16 和图 2.17 可以看出，脱硫渣细度对胶砂线性膨胀率和抗压强度在 3d、7d、28d 龄期的影响规律是一致的。

图 2.18 显示了不同脱硫渣细度胶砂在 28d 龄期时的线性膨胀率和抗压强度的相关性，可以看出：不同细度脱硫渣配制的胶砂在 28d 龄期时线性膨胀率和抗压强度均随脱硫渣细度的增大而增长，线性膨胀率和抗压强度正相关。这说明粉磨处理在提高胶砂抗压强度的同时，也加大了其线性膨胀率，抗压强度和线性膨胀率能够协调发展。

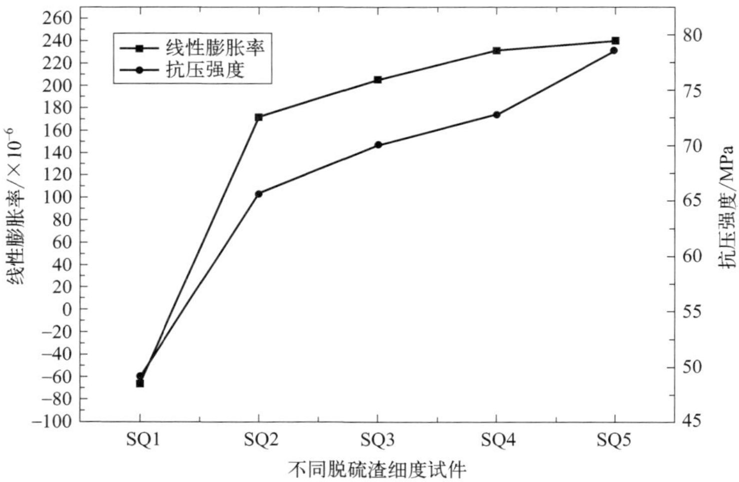

图 2.18 不同脱硫渣细度胶砂在 28d 龄期下线性膨胀率和抗压强度的相关性

2.3.2.4 影响机理分析

（1）脱硫渣 - 水泥胶凝体系的水化

由图 2.2 和图 2.4 可以看出，脱硫渣的主要矿物组成是石英、硬石膏、游离氧化钙、赤铁矿、方解石；水泥熟料的主要矿物组成是硅酸三钙、硅酸二钙、铝酸三钙、铁铝酸四钙。

为了调节水泥熟料的凝结硬化速度，需要掺入适量石膏，本书的研究中掺入了 4% 的脱硫石膏。水泥与水混合后，单矿物主要水化反应如下：

$$\underset{\text{硅酸三钙}}{2(3CaO \cdot SiO_2)}+6H_2O = \underset{\text{水化硅酸钙}}{3CaO \cdot 2SiO_2 \cdot 3H_2O}+\underset{\text{氢氧化钙}}{3Ca(OH)_2}$$

$$\underset{\text{硅酸二钙}}{2(2CaO \cdot SiO_2)}+4H_2O = \underset{\text{水化硅酸钙}}{3CaO \cdot 2SiO_2 \cdot 3H_2O}+\underset{\text{氢氧化钙}}{Ca(OH)_2}$$

$$\underset{\text{铝酸三钙}}{3CaO \cdot Al_2O_3}+6H_2O = \underset{\text{水化铝酸三钙}}{3CaO \cdot Al_2O_3 \cdot 6H_2O}$$

$$\underset{\text{铁铝酸四钙}}{4CaO \cdot Al_2O_3 \cdot Fe_2O_3}+7H_2O = \underset{\text{水化铝酸三钙}}{3CaO \cdot Al_2O_3 \cdot 6H_2O}+\underset{\text{水化铁酸钙}}{CaO \cdot Fe_2O_3 \cdot H_2O}$$

水化硅酸钙不溶于水，以胶体微粒析出，形成 C-S-H 凝胶；氢氧化钙浓度达到饱和后呈六方晶体析出。水化铝酸三钙在氢氧化钙饱和溶液中，和氢氧化钙继续反应，生产水化铝酸四钙。有石膏存在时，还会和石膏反应，产生高硫型水化硫铝酸钙，即钙矾石：

$$3CaO \cdot Al_2O_3 \cdot 6H_2O+3(CaSO_4 \cdot 2H_2O)+19H_2O = 3CaO \cdot Al_2O_3 \cdot 3CaSO_4 \cdot 31H_2O$$

铝酸三钙　　石膏　　钙矾石

游离氧化钙的存在，在生成氢氧化钙的同时，能够提高体系的碱度，这对硬石膏的溶解有一定的激发作用。其与水混合后，主要发生如下水化反应：

$$CaO+H_2O = 3Ca(OH)_2$$

游离氧化钙　氢氧化钙

$$CaSO_4+2H_2O = CaSO_4 \cdot 2H_2O$$

硬石膏　　石膏

脱硫渣中存在大量的活性二氧化硅和活性三氧化二铝，是其火山灰活性的主要来源。在水和氢氧化钙存在的情况下，发生如下化学反应：

$$mCa(OH)_2+2SiO_2(active)+nH_2O = mCaO \cdot 2SiO_2 \cdot nH_2O$$

活性二氧化硅　　水化硅酸钙

$$mCa(OH)_2+Al_2O_3(active)+nH_2O = mCaO \cdot Al_2O_3 \cdot nH_2O$$

活性三氧化二铝　　水化铝酸钙

同样，水化硅酸钙形成 C-S-H 凝胶，水化铝酸钙在有石膏存在时，还会和石膏反应，生产高硫型水化硫铝酸钙，即钙矾石。

综上所述，脱硫渣 - 水泥胶凝体系的水化产物主要有：①氢氧化钙，主要由水泥熟料中的硅酸三钙、硅酸二钙、脱硫渣中的游离氧化钙经水化反应生成。②水化硅酸钙，主要由水泥熟料中的硅酸三钙、硅酸二钙、脱硫渣中的活性二氧化硅经水化反应生成。③水化铝酸钙，主要由水泥熟料中的铝酸三钙、脱硫渣中的活性三氧化二铝经水化反应生成。④钙矾石，主要由脱硫石膏、脱硫渣中硬石膏与水化铝酸钙经水化反应生成。此外，还有水化铁酸钙、单硫型水化硫铝酸钙。

由水泥和脱硫渣的水化反应可以看出，二者水化产物基本一致，脱硫渣可以提供形成强度的凝胶和晶体，这为脱硫渣作为水泥掺合料的应用提供了理论依据。

由于脱硫渣原渣粒径较大、疏松多孔、吸水性大、强度低、后期膨胀大，所以对其进行了粉磨。目的是通过改善粒度，提高其活性，同时将游离氧化钙包裹的硬石膏释放出来，让其水化集中在早期进行。

如图 2.19 所示，将 30% 的 T3 细度的磨细脱硫渣取代水泥后，XRD 检测到的主要矿物有氢氧化钙、石膏、钙矾石、未水化的硅酸三钙。对比分析 3d、7d 和 28d 龄期的图谱发现，随龄期增长，氢氧化钙的衍射峰强度不断减弱，而石膏的衍射峰强度逐渐增强。这是由于在水化早期，硅酸三钙、硅酸二钙、游离氧化钙的水化，生成了大量的氢氧化钙，随龄期增长，氢氧化钙参与水化反应消耗的量大于生成的量，逐渐减少；在水化早期，也生成了石膏，但随龄期增长，前 28d 石膏的量是逐渐增加的，说明生成石膏的量大于消耗石膏生成钙矾石的量。

XRD 图中未发现游离氧化钙，说明游离氧化钙能够快速水化生成氢氧化钙。

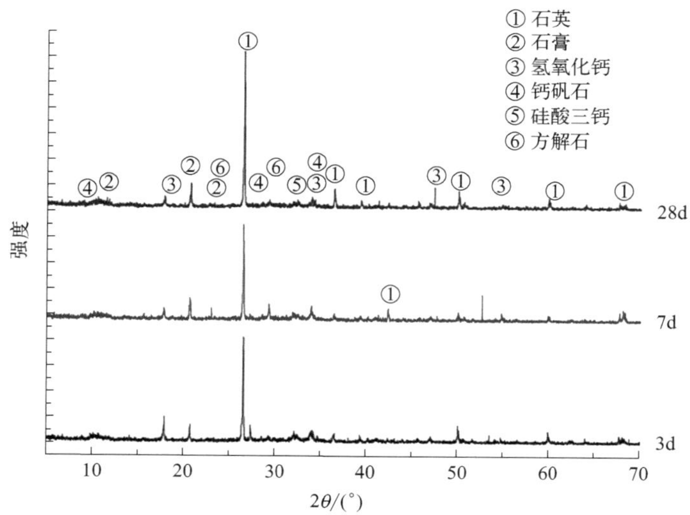

图 2.19　30% 掺量 T3 细度磨细脱硫渣 - 水泥体系水化产物 XRD 图谱

图 2.20 展示了胶凝体系水化产物的微观形貌，从图 2.20（a）（b）中可以发现絮凝状的 C-S-H 凝胶、针状钙矾石，从图 2.20（c）（d）中可以发现存在大量的氢氧化钙六方片状晶体和柱状石膏晶体。

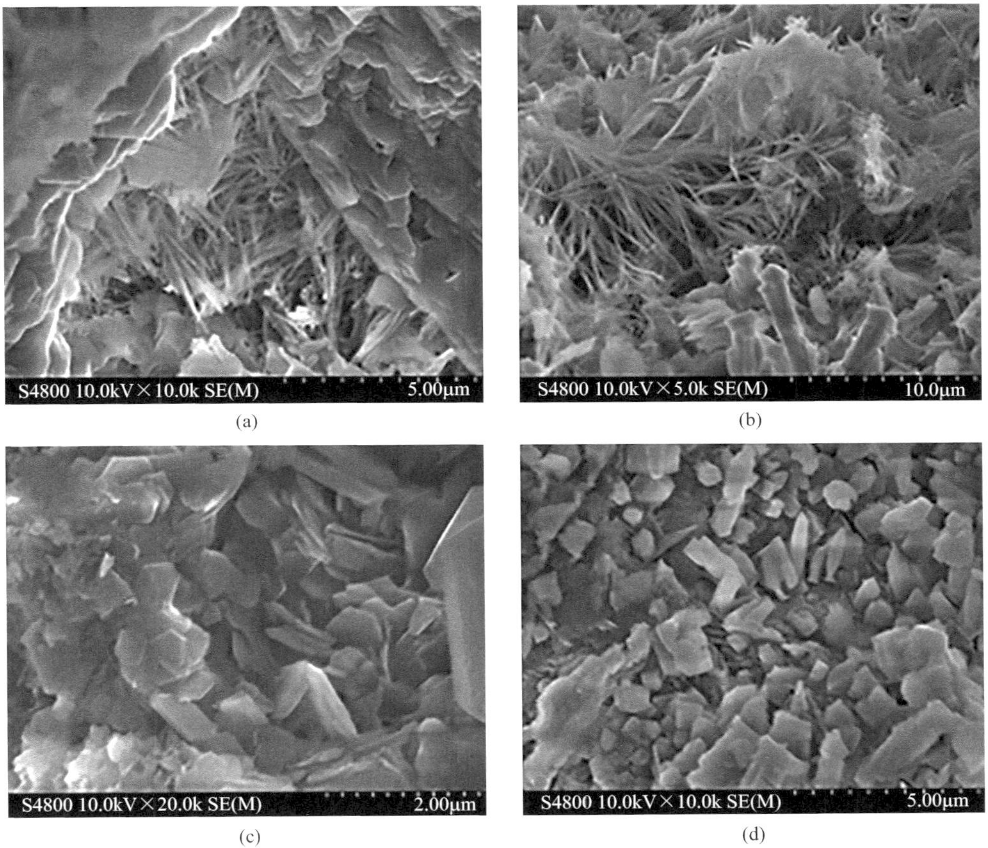

图 2.20　磨细脱硫渣 - 水泥胶凝体系微观形貌

（2）脱硫渣细度对胶砂强度和膨胀特性的影响机理

水泥颗粒越细，活性越好，与水起反应的表面积越大，水化越快、越完全，早期强度和后期强度越高，但硬化收缩越大。脱硫渣具有良好的火山灰活性，水化产物与水泥基本一致，可以推测脱硫渣越细，胶砂早期强度和后期强度越高。由于脱硫渣中存在大量硬石膏，硬石膏的水化以及钙矾石的生成会引起体积膨胀，宏观上表现为膨胀。粉磨会增加游离氧化钙的含量，提高碱度，有利于加快硬石膏的水化，所以脱硫渣越细，胶砂膨胀量越大。在脱硫渣掺量一定的情况下，由于硬石膏总量一定，脱硫渣细度对胶砂总的膨胀量不会产生大的影响。

脱硫渣细度越大，其与水反应的比表面积越大，水化越快，越有利于发挥脱硫渣中各种物质的活性，同时硬石膏水化也快，生成的钙矾石能够填充空隙，所以胶砂早期强度和后期强度越大。这一点在试验中得到了验证，如图 2.17 所示。

由 XRD 图 2.21、图 2.22 可以看出，不同细度脱硫渣 - 水泥胶凝体系，3d 龄期的氢氧化钙衍射峰强度均比 28d 龄期的强，而 3d 龄期的石膏衍射峰强度均比 28d 龄期的弱。

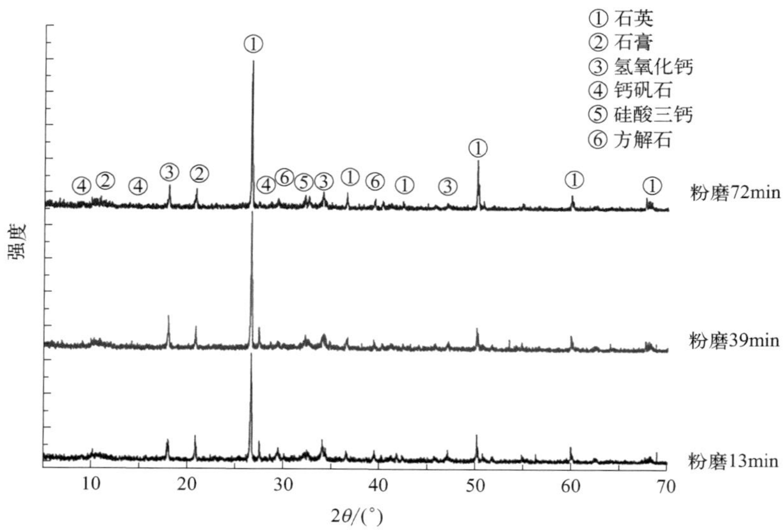

图 2.21 不同脱硫渣细度的胶砂 3d 龄期 XRD 对比

在 3d 龄期时，粉磨 72min 试样二氧化硅衍射峰最强，到 28d 龄期时，其二氧化硅衍射峰强度与粉磨 39min、13min 试样基本没有差别，说明这期间粉磨 72min 试样消耗的二氧化硅最多，意味着生成的 C-S-H 凝胶最多，因而强度最高；3d 龄期时，氢氧化钙和石膏的衍射峰强度差别不大，到 28d 龄期时，随脱硫渣粉磨细度增大，氢氧化钙衍射峰强度越来越弱，石膏衍射峰强度越来越强。这说明：①脱硫渣细度越大，氢氧化钙与其他物质反应速度越快，消耗越大。氢氧化钙发生反应主要是生成 C-S-H 凝胶以及和石膏反应生成钙矾石。而 C-S-H 凝胶和钙矾石是赋予胶凝体系强度的最主要物质，因而细度越大，强度越高，这与试验结果是一致的。②脱硫渣细度越大，石膏越来越多，石膏产生的量大于石膏消耗的量。而石膏主要是由硬石膏水化活化后产生的。说明脱硫渣细度越大，越有利于硬石膏的水化。

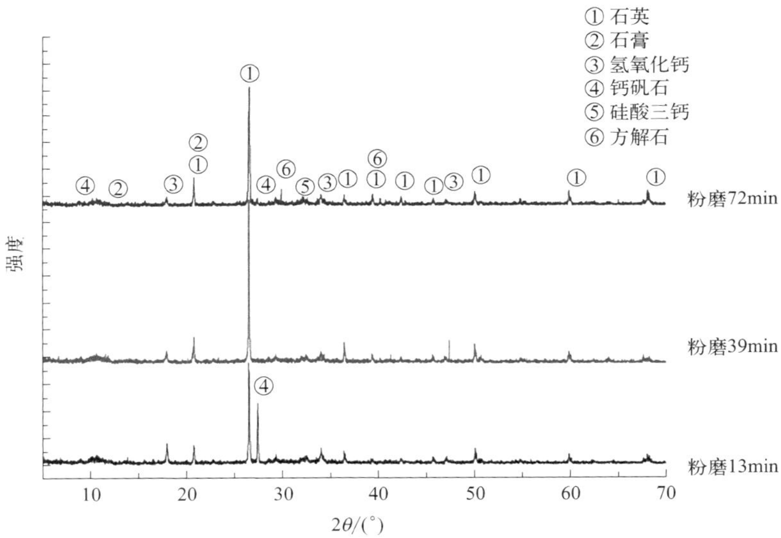

图 2.22 不同脱硫渣细度的胶砂 28d 龄期 XRD 对比

因此，由 XRD 分析可知，脱硫渣细度越大，生成的钙矾石、石膏越多，从而引起体积膨胀越大。这与试验结果也是一致的。

通过扫描电镜，对 28d 龄期粉磨 13min、72min 试样的微观形貌进行检测，如图 2.23 所示。发现粉磨 13min 试样中存在大量的氢氧化钙，粉磨 72min 试样中存在大量的石膏，与 XRD 得到的结果一致。

综上所述，在脱硫渣掺量一定的情况下，其细度越高，胶砂强度越高，膨胀量越大，但由于脱硫渣掺量一定，因此胶砂的总膨胀量是可控的。

(a) 粉磨13min试样

(b) 粉磨72min试样

图 2.23　不同脱硫渣细度的胶砂 28d 龄期微观形貌对比

2.3.3 脱硫渣掺量对胶砂膨胀特性和力学性能的影响

2.3.3.1 对胶砂膨胀特性的影响

如图 2.24 所示，与未掺磨细脱硫渣的 SP6 试样相比，掺入磨细脱硫渣的试样表现出明显的膨胀特性。掺入磨细脱硫渣后，膨胀在前 7d 集中释放，7 ～ 14d 有所收缩，此后继续膨胀，28d 后基本趋于稳定。

线性膨胀率与磨细脱硫渣掺量紧密相关，随磨细脱硫渣掺量增大，试样的线性膨胀率也增大，呈现正相关态势。这是由于磨细脱硫渣的掺量越大，硬石膏和 f-CaO 等膨胀组分越多，试样的线性膨胀率就越大。

2.3.3.2 对胶砂力学性能的影响

由图 2.25 可以看出，与 SQ6 相比，掺入不同掺量的磨细脱硫渣后，试样 3d 抗压强度均有所下降，且掺量越大，下降幅度越大。说明磨细脱硫渣对水泥胶砂的早期强度有不利影响，掺量越大，不利影响越大。7d 龄期时，磨细脱硫渣掺量为 30% 的 SQ3 试样的抗压强度超过了 SQ6，SQ9、SQ10 试样的抗压强度也有明显增大，与 SQ6 的差距缩小。到达 28d 龄期时，SQ3 抗压强度最高；

SQ9 的抗压强度次之，并超过了 SQ6；SQ10 抗压强度最低，但与 SQ6 相比，仅相差 4.8%。说明磨细脱硫渣对水泥胶砂后期强度增长有促进作用，在合理掺量下，能够提高水泥胶砂的后期抗压强度。

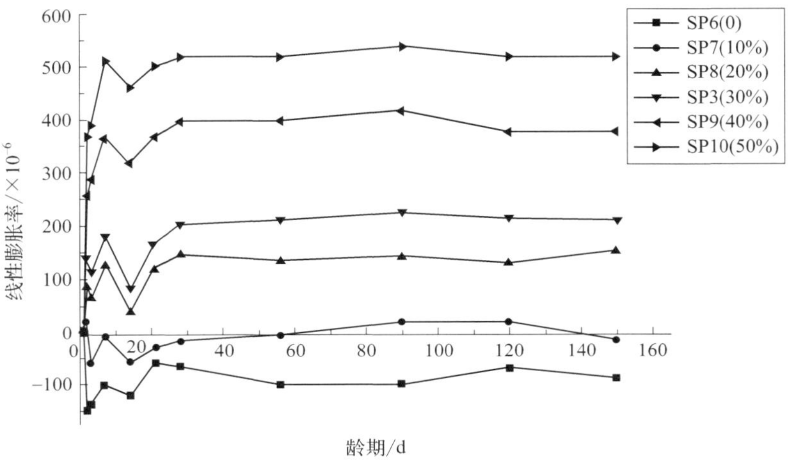

图 2.24 不同磨细脱硫渣掺量的胶砂线性膨胀率 - 龄期关系

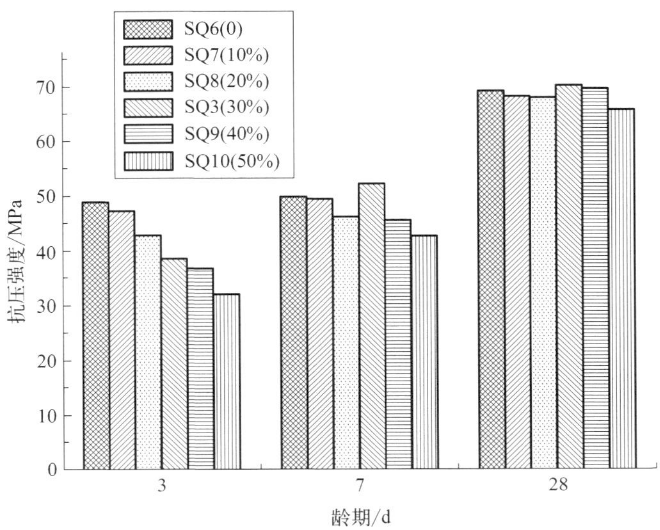

图 2.25 不同磨细脱硫渣掺量的胶砂抗压强度 - 龄期关系

与纯水泥胶砂相比，掺入磨细脱硫渣后，虽然3d龄期前抗压强度增长较慢，强度较低，但3d龄期后，抗压强度增长速度加快，且掺量越大，强度增长幅度越显著。

从本试验结果来看，山西平朔煤矸石电厂的磨细脱硫渣在掺量为30%～40%的情况下，能够使胶砂获得最大的抗压强度。

2.3.3.3 脱硫渣掺量对胶砂膨胀特性和强度影响的相关性分析

如图2.26所示，3d龄期时，随磨细脱硫渣掺量的增加，胶砂线性膨胀率是逐渐增大的，而胶砂抗压强度则是逐渐减小的，线性膨胀率和抗压强度表现为负相关。7d龄期时，随磨细脱硫渣掺量增加，胶砂线性膨胀率仍逐渐增大，但抗压强度在掺量为20%～30%时是逐渐增大的，线性膨胀率和抗压强度能够协同发展，并且磨细脱硫渣掺量为30%时胶砂抗压强度最大，超过了纯水泥胶砂强度。7d龄期与3d龄期相比，各掺量间胶砂抗压强度的差值收窄，说明脱硫渣的活性得到了发挥。28d龄期与7d龄期相比，胶砂线性膨胀率和抗压强度随磨细脱硫渣掺量的变化规律基本一致。

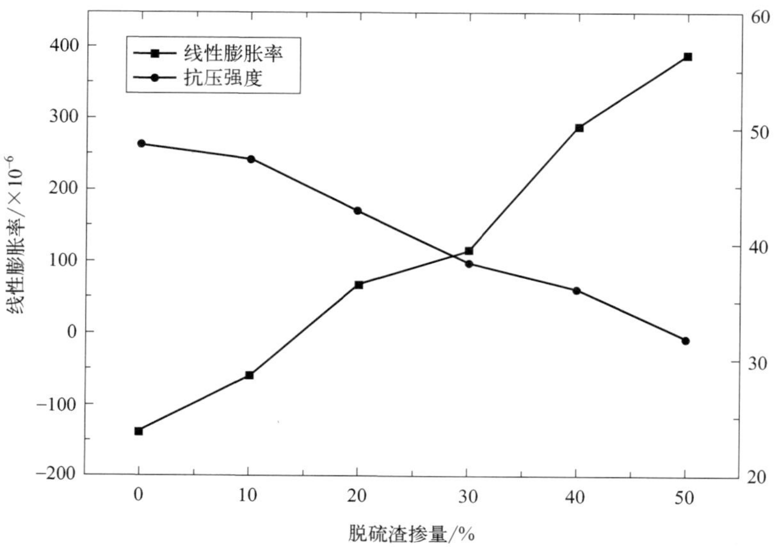

(a) 3d龄期

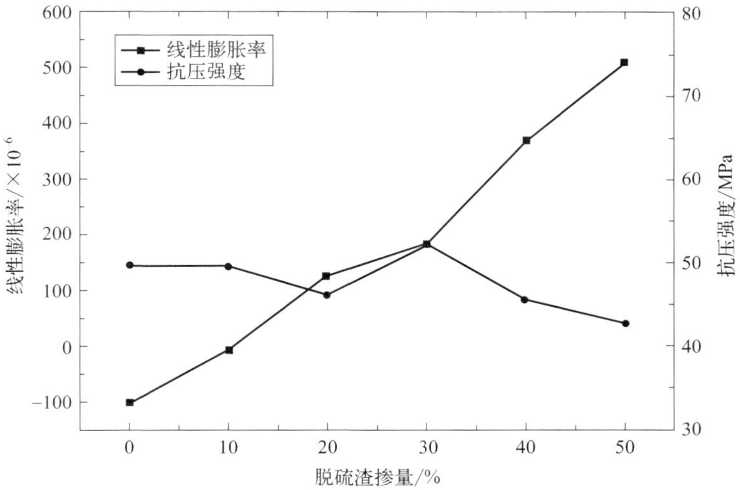

(b) 7d龄期

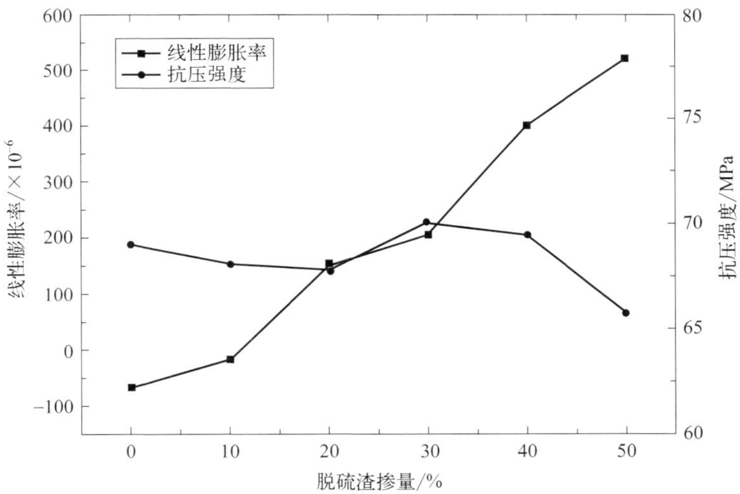

(c) 28d龄期

图 2.26 不同磨细脱硫渣掺量的胶砂线性膨胀率和抗压强度的相关性

2.3.3.4 影响机理分析

脱硫渣中含有游离氧化钙和硬石膏，这是胶砂之所以会发生膨胀的膨胀源。脱硫渣掺量越大，游离氧化钙和硬石膏含量就越多，在水化和硬化以后产生的膨胀就越大。

脱硫渣含有 SiO_2、Al_2O_3 和 CaO 等活性成分，机械粉磨后，活性得到了进一步提高，因此磨细脱硫渣具有良好的活性。但脱硫渣中也含有一种硬石膏，在早期水化速度缓慢。所以掺有磨细脱硫渣的胶凝体系，其水化反应和硬化速度比水泥要慢。在早期，磨细脱硫渣的掺量越大，活性越低，硬化速度越慢，强度越低。随养护龄期增长，硬石膏不断溶解，并生成二水石膏。生成的石膏可以继续与 $Ca(OH)_2$ 和水化铝酸钙发生反应，生成钙矾石。钙矾石可以填充内部孔隙，提高胶砂的密实度，使其抗压强度迅速提高；但是过多的脱硫渣会导致更大的膨胀，同时硬石膏也不能完全溶解，从而降低胶砂的抗压强度。因此，磨细脱硫渣存在一个合理掺量。当磨细脱硫渣掺量为 30% 时，7d 龄期和 28d 龄期胶砂的抗压强度最大。

由图 2.27 所示的 3d 龄期 XRD 图谱来看，随磨细脱硫渣掺量增大，石膏的衍射峰强度越来越大，而 $Ca(OH)_2$ 差别不大。说明在早期，磨细脱硫渣掺量越大，溶解的硬石膏越多，因而生成的石膏越多；游离氧化钙生成的 $Ca(OH)_2$ 和参与水化反应生成 C-S-H 和钙矾石的 $Ca(OH)_2$ 在数量上相当。由图 2.28 所示

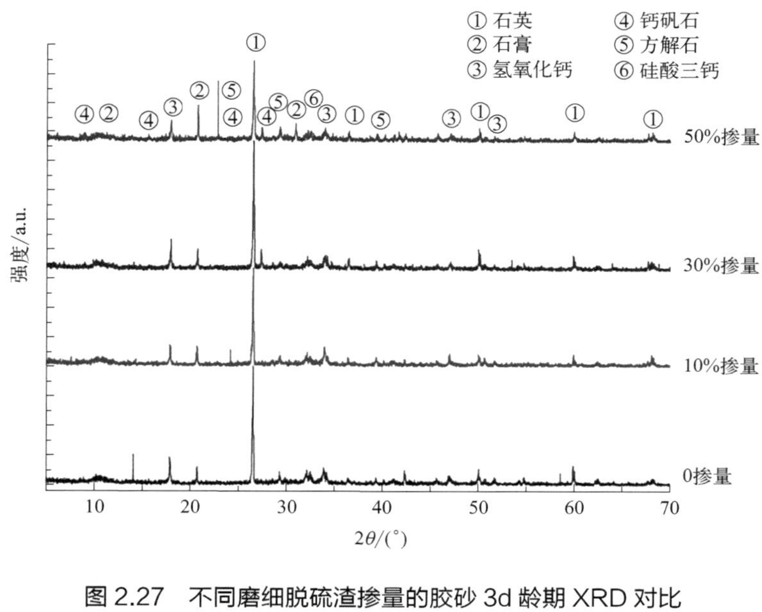

图 2.27 不同磨细脱硫渣掺量的胶砂 3d 龄期 XRD 对比

的 28d 龄期 XRD 图谱来看，随掺量增大，$Ca(OH)_2$ 衍射峰强度越来越小，而石膏的衍射峰强度越来越大。这说明随龄期推移，磨细脱硫渣掺量越大，$Ca(OH)_2$ 消耗的越多，意味着生成的 C-S-H 和钙矾石越多，因而膨胀越大。当磨细脱硫渣掺量过大时，硬石膏不能完全溶解，参与水化反应，因此其强度会大幅下降。如图 2.29 的 SEM 图所示，在 50% 磨细脱硫渣掺量下发现大量未溶解的硬石膏晶体。

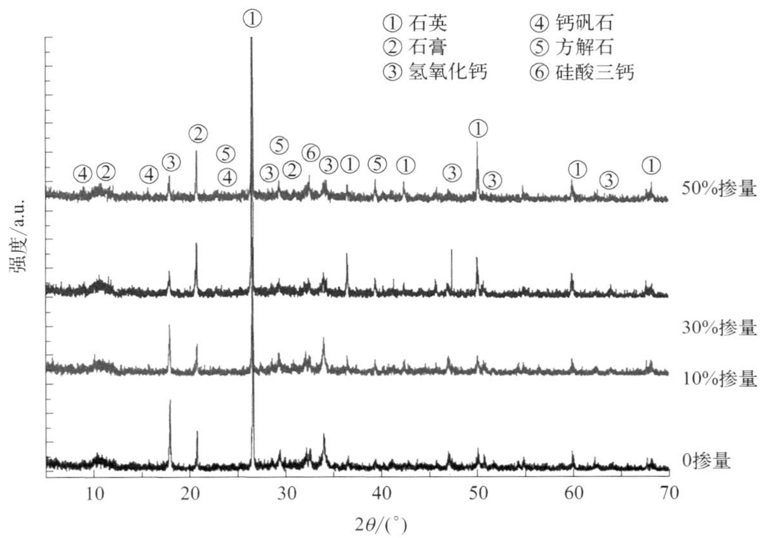

图 2.28　不同磨细脱硫渣掺量的胶砂 28d 龄期 XRD 对比

由 XRD 分析可知，磨细脱硫渣膨胀的主要原因仍是：①氢氧化钙的水化；②硬石膏的溶解；③钙矾石的生成。

对磨细脱硫渣掺量为 50% 的试样进行 SEM 观察，未发现明显裂纹或裂缝，说明膨胀并没有对胶砂造成破坏，其强度下降的主要原因是活性较差。

2.3.4　硫酸钠掺量对胶砂膨胀特性和力学性能的影响

2.3.4.1　对胶砂膨胀特性的影响

如图 2.30 所示，与未掺硫酸钠的 SP3 试样相比，掺入硫酸钠的 SP11、

SP12、SP13 试样的线性膨胀率增大，且硫酸钠掺量越大，试样的线性膨胀率越大。

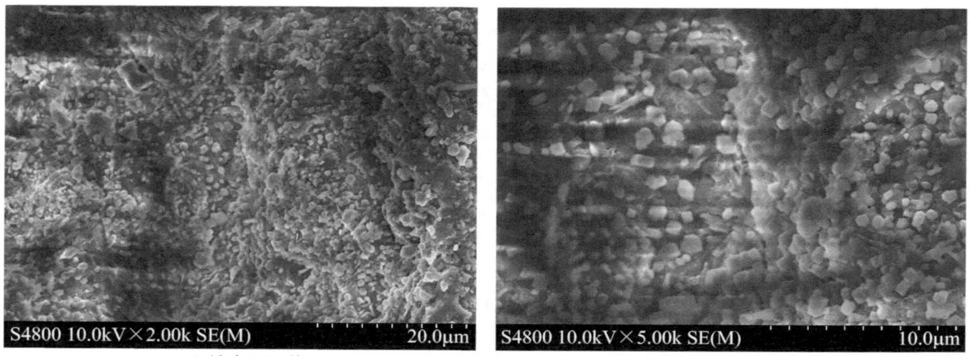

(a) 放大2000倍　　(b) 放大5000倍

图 2.29　50% 磨细脱硫渣掺量的胶砂 SEM 图

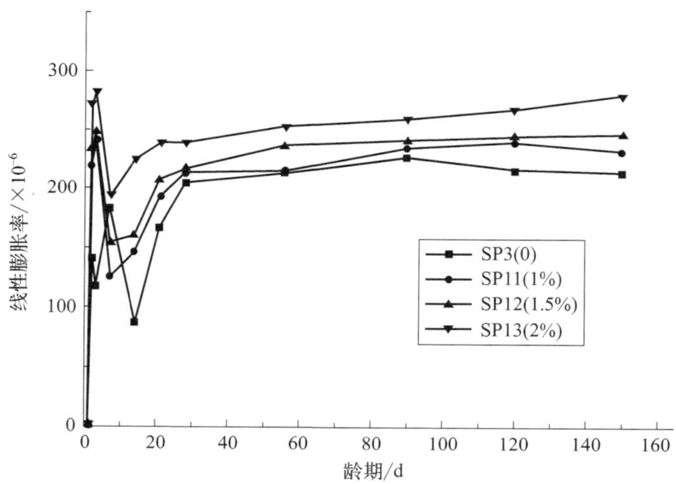

图 2.30　不同硫酸钠掺量的胶砂线性膨胀率 - 龄期关系

2.3.4.2　对胶砂力学性能的影响

如图 2.31 所示，掺入硫酸钠后，胶砂早期抗压强度提高幅度明显，后期抗压强度提高幅度不明显。掺入 1% 硫酸钠的 SQ11 试样与 SQ3 试样相比，3d 抗压强度提高了 17.4%，而 28d 抗压强度仅提高了 0.7%；掺入 1.5% 硫酸钠的 SQ12 试样与 SQ3 试样相比，3d 抗压强度提高了 23.1%，而 28d 抗压强度仅提高了 1.9%；掺入 2% 硫酸钠的 SQ13 试样与 SQ3 试样相比，3d 抗压强度提高了 32.7%，而 28d 抗压强度仅提高了 3.7%。

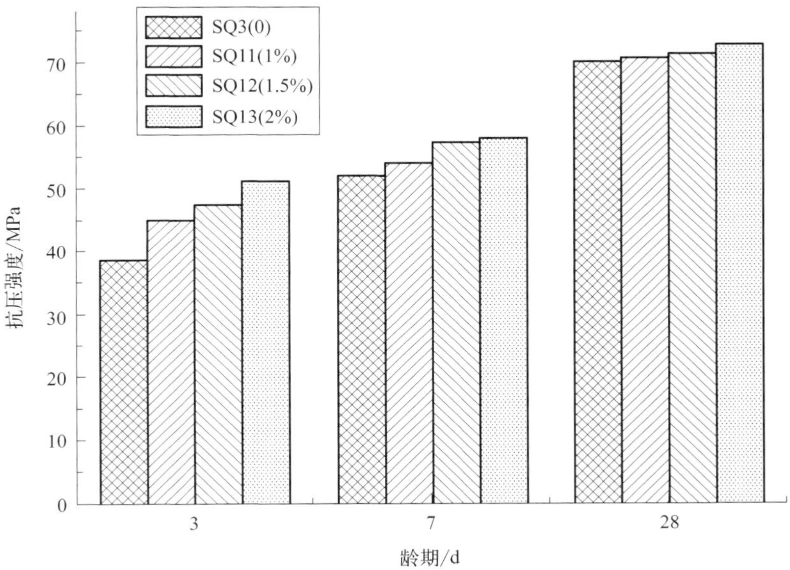

图 2.31 不同硫酸钠掺量的胶砂抗压强度 - 龄期关系

2.3.4.3 硫酸钠掺量对胶砂膨胀特性和强度影响的相关性分析

如图 2.32 所示，硫酸钠的掺入在提高抗压强度的同时，也提高了线性膨胀率。随硫酸钠掺量的增大，线性膨胀率和抗压强度均增大，成正相关关系。这说明掺入硫酸钠后，线性膨胀率和抗压强度能够协调发展。

2.3.4.4 影响机理分析

已有研究表明，脱硫渣中的三氧化硫是以硬石膏的形式存在的。硬石膏具备水化胶凝能力，但其水化凝结硬化非常缓慢。张建新的研究表明，在掺量适量的情况下，硫酸钠能够大幅提高硬石膏的早期水化率，提高其凝结硬化速度，但对后期影响较小。

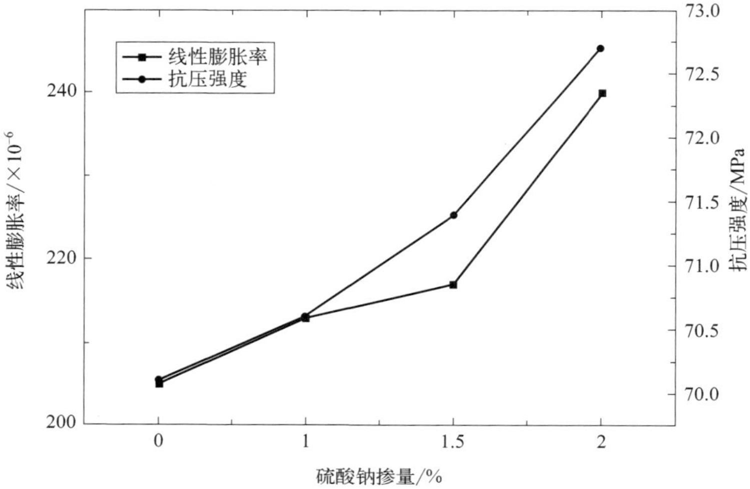

图 2.32 不同硫酸钠掺量的胶砂 28d 龄期线性膨胀率和抗压强度的相关性

因此，可以认为：硫酸钠的掺入会大幅提高磨细脱硫渣 - 水泥胶砂的早期抗压强度，其原因在于硫酸钠对脱硫渣中的硬石膏具有活性激发作用，促进了硬石膏的水化及与其他物质反应的速度。硫酸钠的掺入会增大磨细脱硫渣 - 水泥胶砂的体积膨胀程度，其原因在于硬石膏水化引起的体积膨胀，以及水化后继续发生化学反应生产钙矾石引起的体积膨胀。

由图 2.33 可以看出，1.5% 硫酸钠掺量下，随龄期增长，氢氧化钙衍射强度越来越小，而石膏衍射强度越来越大，这与本章 2.3.2.4 中的结果是一致的；但差别不大。说明在前期已经生成了大量的氢氧化钙和石膏，也说明硫酸钠的掺入能够促进硬石膏的早期水化反应。

如图 2.34、图 2.35 所示，对比未掺硫酸钠和掺入 1.5% 硫酸钠的 XRD 图，发现：3d 龄期与 28d 龄期规律基本一致。与未掺硫酸钠的试样相比，掺有硫酸钠的试样，其氢氧化钙、石膏衍射强度弱，钙矾石的衍射强度强。说明水化反应消耗了更多的氢氧化钙和石膏，生成了更多的钙矾石。同时，氢氧化钙也会生成 C-S-H 凝胶。因此，掺入硫酸钠后，其强度和膨胀均会有所提高，这与试验结果是一致的。

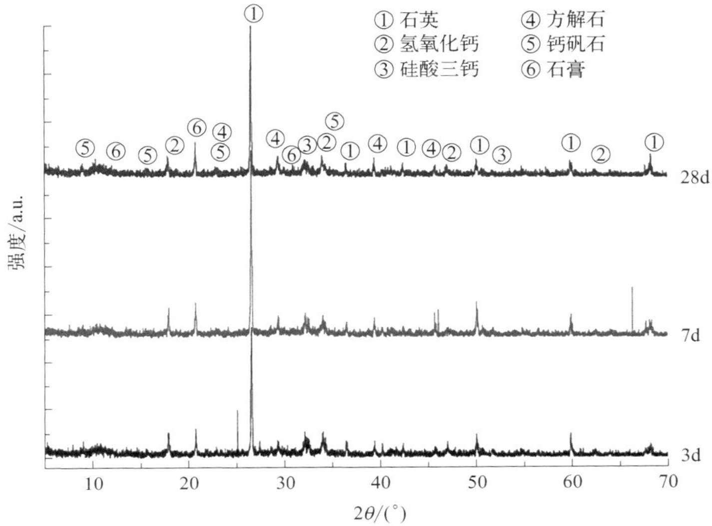

图 2.33　1.5% 硫酸钠掺量不同龄期胶砂 XRD 对比图

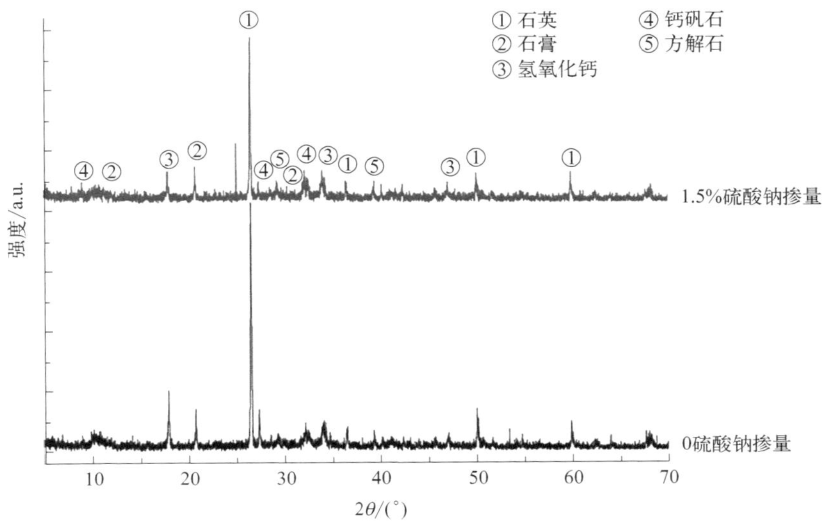

图 2.34　不同硫酸钠掺量的胶砂 3d 龄期 XRD 对比图

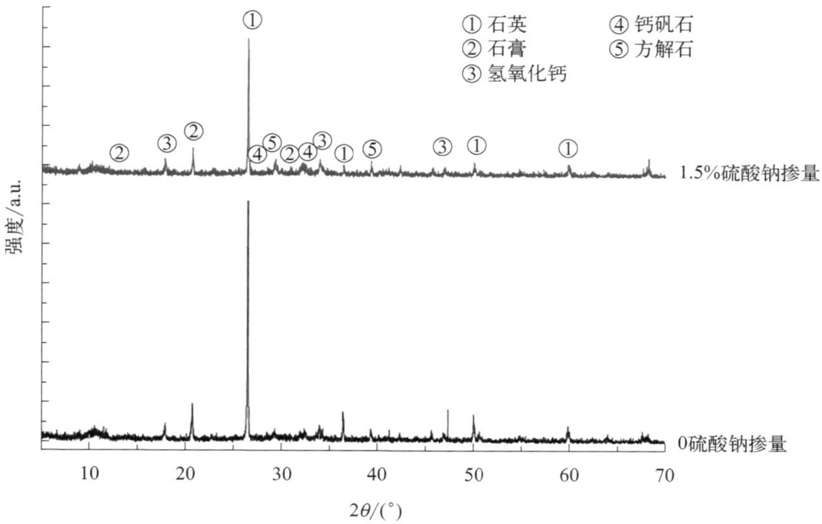

图 2.35　不同硫酸钠掺量的胶砂 28d 龄期 XRD 对比图

通过 SEM 试验，可以发现，掺入 1.5% 硫酸钠的试样，在 3d 龄期时存在大量针状钙矾石和大量的石膏晶体，如图 2.36 所示。

(a) 放大2000倍　　(b) 放大5000倍

图 2.36　1.5% 硫酸钠掺量的胶砂 SEM 图

2.3.5 水胶比对胶砂膨胀特性和力学性能的影响

2.3.5.1 对胶砂膨胀特性的影响

如图 2.37 所示，水胶比对胶砂线性膨胀率的影响较大。随水胶比增大，胶砂线性膨胀率也增大。观察 28d 龄期的胶砂，水胶比为 0.3 时，线性膨胀率为 205×10^{-6}；水胶比增大到 0.34 时，线性膨胀率为 587×10^{-6}，是水胶比为 0.3 时的 2.86 倍；水胶比增大到 0.38 时，线性膨胀率达 880×10^{-6}，是水胶比为 0.3 时的 4.29 倍。胶砂线性膨胀率和水胶比有近似直线的关系。

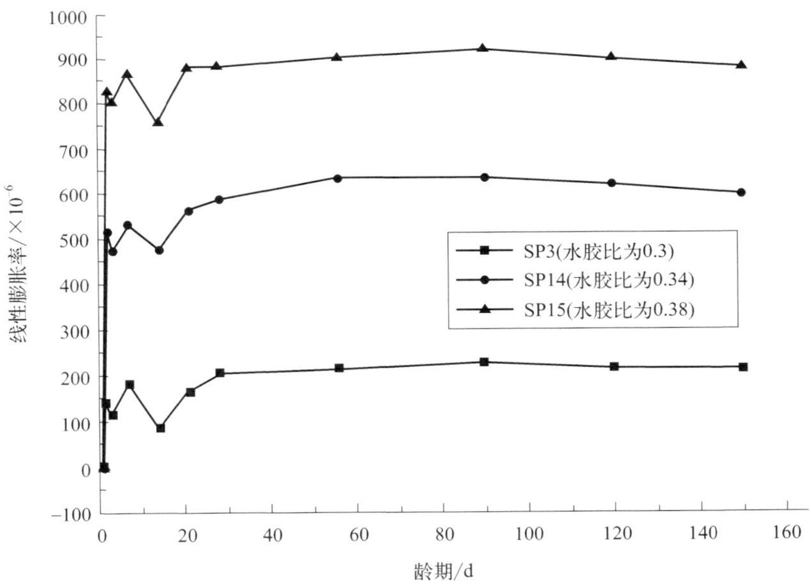

图 2.37 不同水胶比胶砂的线性膨胀率 - 龄期关系

2.3.5.2 对胶砂力学性能的影响

如图 2.38 所示，随水胶比增大，胶砂各龄期的抗压强度均减小，规律一致。这与水泥强度理论是一致的，说明掺入磨细脱硫渣不会对胶砂的抗压强度规律产生影响。

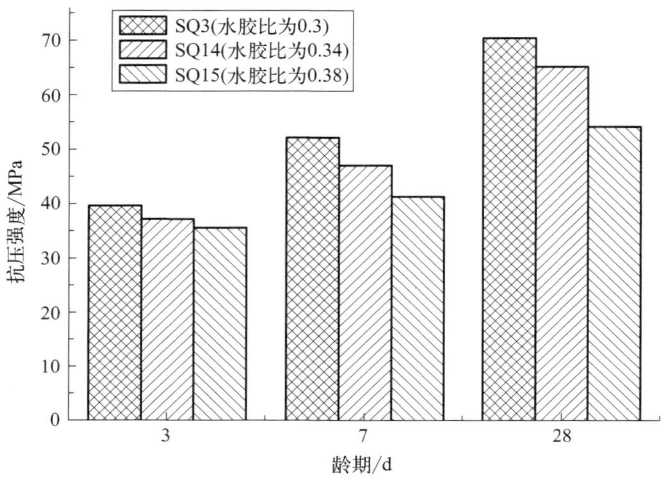

图 2.38 不同水胶比胶砂的抗压强度 - 龄期关系

2.3.5.3 水胶比对胶砂膨胀特性和强度影响的相关性分析

如图 2.39 所示，随水胶比增大，胶砂的线性膨胀率增大，抗压强度减小，线性膨胀率和抗压强度成负相关。

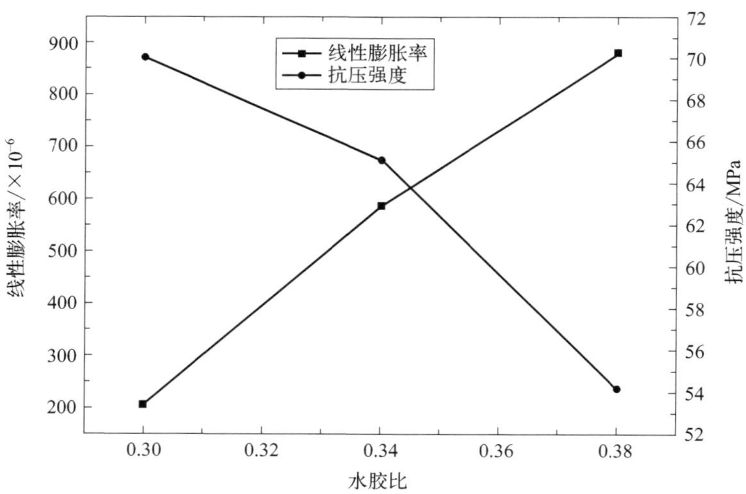

图 2.39 不同水胶比胶砂 28d 龄期时线性膨胀率和抗压强度的相关性

2.3.5.4 影响机理分析

水胶比越小，体系中水的含量相对越少，磨细脱硫渣和水泥组成的胶凝材料含量相对越多，故抗压强度越高。抗压强度高，会限制膨胀的发展，因为在胶凝体系中存在“自约束效应”，其抑制了膨胀的自由发展，故线性膨胀率低。

如图 2.40 所示，1000 倍放大倍数下，水胶比为 0.3 的试样的微观结构，相较水胶比为 0.38 的试样明显致密。

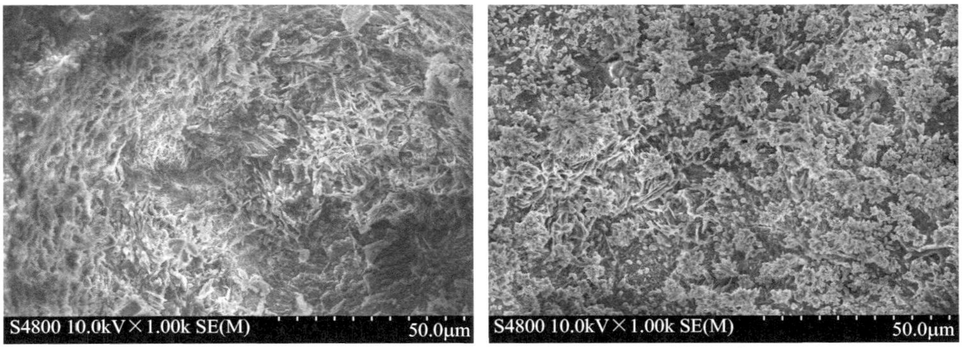

(a) 水胶比为0.3　　(b) 水胶比为0.38

图 2.40　不同水胶比的胶砂微观形貌对比图

2.3.6 延迟拆模对胶砂膨胀特性和力学性能的影响

国内外关于延迟拆模的研究报道较少。中国矿业大学王栋民教授在对高强流态混凝土力学性能和膨胀行为研究时，采用了雾室养护 3d 后拆模的方法，来研究抗压强度和膨胀性能的协调发展，但其并未对比分析不同拆模时间对抗压强度和膨胀性能的影响。理论上讲，对于有膨胀组分的混凝土，由于模具的约束作用，膨胀会得到有效控制。但对于强度的影响并不确定。一方面，模具约束导致产生的膨胀无法向外扩张，转而向内发展，这样一定程度上会提高密实度，从而提高强度，但如果膨胀过大，导致产生膨胀裂缝，强度反而会下降；另一方面，由于模具阻止了水分进入，水化反应减缓，对强度发展不利。因此，对强度影响尚不明确。此外，延迟拆模后混凝土强度和膨胀性能发展规律如何，延迟拆模时间长短对混凝土强度和膨胀性能是否有影响，都需要深入研究。

前面的研究表明，脱硫渣经水化反应后，会产生体积膨胀。本小节对 3 种不同拆模时间进行试验研究，探究其对胶砂强度和膨胀特性的影响，并通过 XRD 和 SEM 进行微观机理分析。

在 1d 拆模试件成型的同时，对部分配比另外制作了两组试件，带模养护，分别在 3d、7d 龄期拆模，用于分析延迟拆模对胶砂膨胀特性和强度的影响。

在对 3d、7d 试件进行拆模的过程中，试件均出现不易脱模的现象，此外胶砂与模具接触面有泛白缺水现象。

2.3.6.1 延迟拆模对胶砂膨胀特性的影响

（1）对不同细度磨细脱硫渣胶砂膨胀特性的影响

图 2.41 为 30% 脱硫渣掺量下，不同拆模时间、不同脱硫渣细度的胶砂线性膨胀率 - 龄期关系。试验过程中发现，带模养护 3d 后拆模，放入水中养护后，试件均出现较大收缩，收缩持续 1 ～ 2 周，此后收缩幅度减小，但明显膨胀能不足，后期仍然处于收缩状态；带模养护 7d 后拆模，粉磨 39min、72min 磨细脱硫渣胶砂也表现出明显的膨胀特性，但线性膨胀率比 1d 拆模时明显减小。

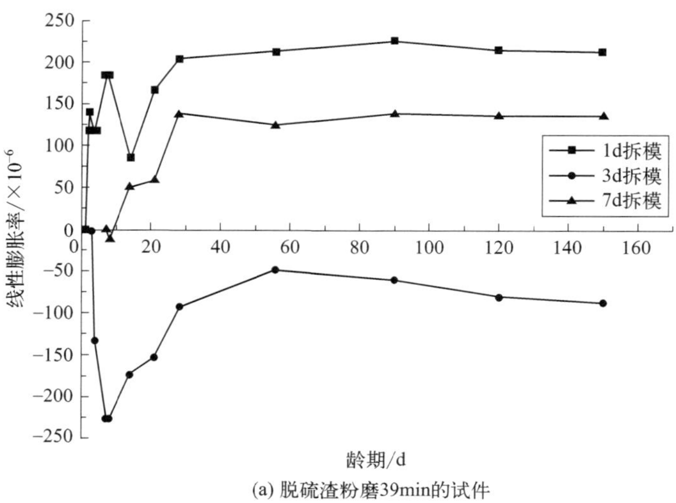

(a) 脱硫渣粉磨39min的试件

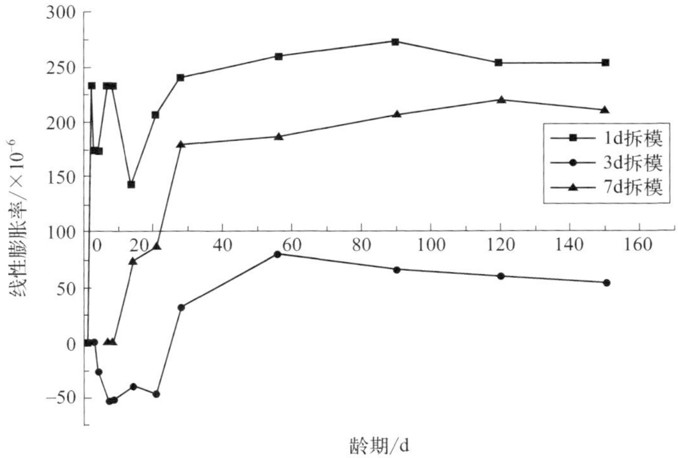

(b) 脱硫渣粉磨72min的试件

图 2.41 不同拆模时间、不同脱硫渣细度的胶砂的线性膨胀率 - 龄期关系

从试验结果来看，3d 延迟拆模对脱硫渣胶砂的膨胀特性具有明显的抑制作用，其均表现为收缩；7d 延迟拆模对于脱硫渣胶砂的膨胀特性有一定的抑制作用，但不如 3d 延迟拆模明显。

（2）对不同掺量磨细脱硫渣胶砂膨胀特性的影响

图 2.42 为不同拆模时间、不同磨细脱硫渣掺量的胶砂线性膨胀率 - 龄期关系。

对掺 30% 磨细脱硫渣胶砂进行延迟拆模试验，发现 1d 拆模试件线性膨胀率最大；7d 拆模试件线性膨胀率次之；3d 拆模试件线性膨胀率为负值，没有发生膨胀，而是发生收缩。对于掺 30% 磨细脱硫渣胶砂试件，延迟拆模对其膨胀有明显的抑制作用，但并不是延迟拆模时间越长越有效。

对掺 50% 磨细脱硫渣胶砂进行延迟拆模试验，发现 1d 拆模试件线性膨胀率最大，3d 拆模试件线性膨胀率次之，7d 拆模试件线性膨胀率最小，所有试件均发生了线性膨胀。对于掺 50% 磨细脱硫渣胶砂试件，延迟拆模对其膨胀有明显的抑制作用，且延迟时间越长越有效。

综上所述，延迟拆模对大掺量磨细脱硫渣胶砂的线性膨胀有明显的抑制作用，且脱硫渣掺量越大，延迟拆模时间越长越有效。

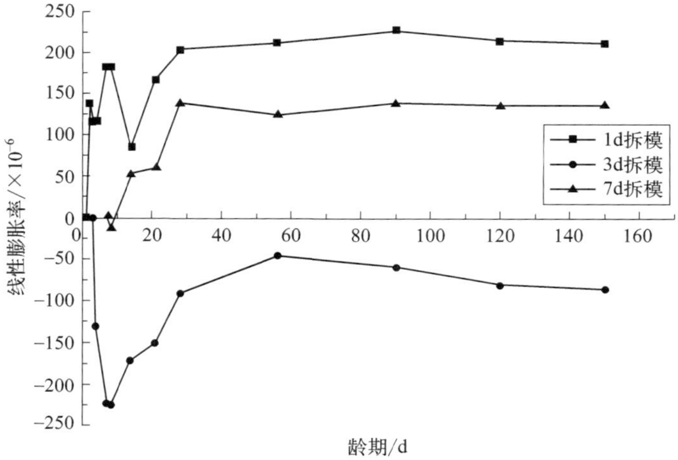

(a) 磨细脱硫渣掺量为30%

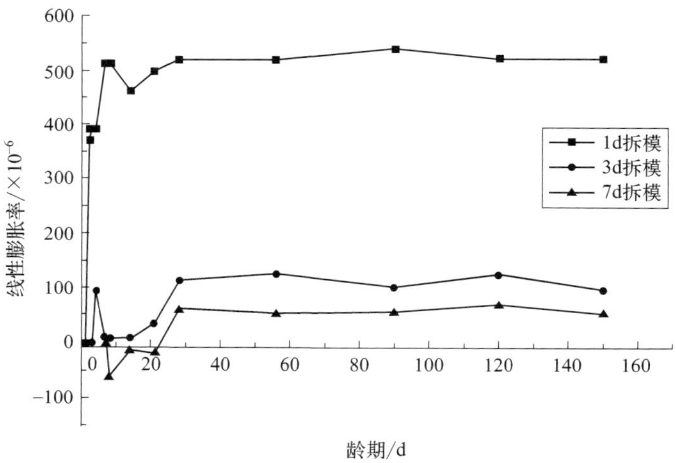

(b) 磨细脱硫渣掺量为50%

图 2.42 不同拆模时间、不同磨细脱硫渣掺量的胶砂线性膨胀率 - 龄期关系

（3）对不同硫酸钠掺量磨细脱硫渣胶砂膨胀特性的影响

图 2.43 为不同拆模时间、不同硫酸钠掺量磨细脱硫渣胶砂的线性膨胀率 - 龄期关系。通过对掺有 1.5% 硫酸钠的磨细脱硫渣胶砂试件进行延迟拆模对比，3d 拆模、7d 拆模均对其膨胀有一定的抑制作用，3d 拆模最有效，试件表现为收缩。

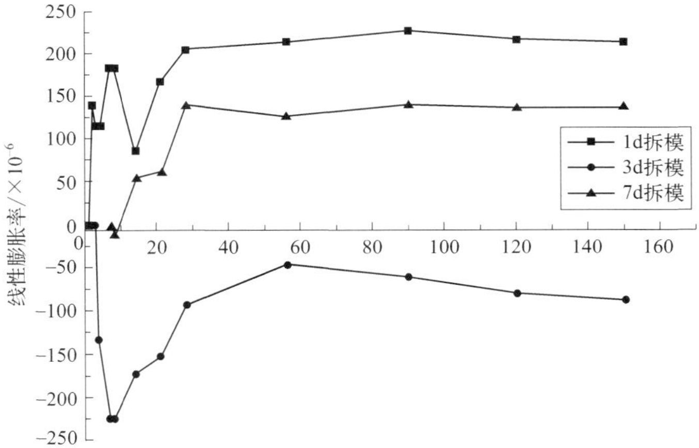

(a) 未掺硫酸钠

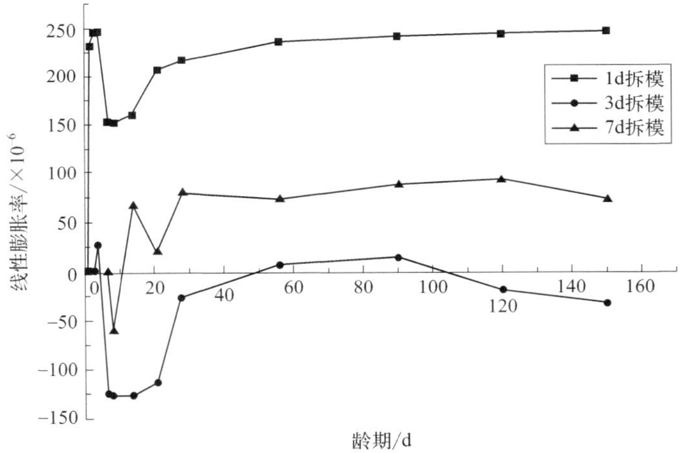

(b) 硫酸钠掺量为1.5%

图 2.43 不同拆模时间、不同硫酸钠掺量磨细脱硫渣胶砂线性膨胀率 - 龄期关系图

2.3.6.2 延迟拆模对胶砂力学性能的影响

（1）对不同细度磨细脱硫渣胶砂力学性能的影响

如图 2.44 所示，对于脱硫渣粉磨 39min、72min 的脱硫渣胶砂，与 1d 拆模相比，3d、7d 拆模其抗压强度均有所提高。从提高幅度来看，脱硫渣越细，延

迟拆模时间越长，其强度提高幅度越大。

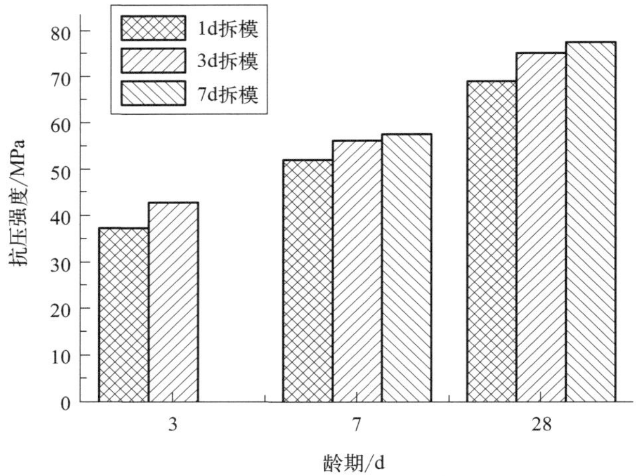

(a) 脱硫渣粉磨39min

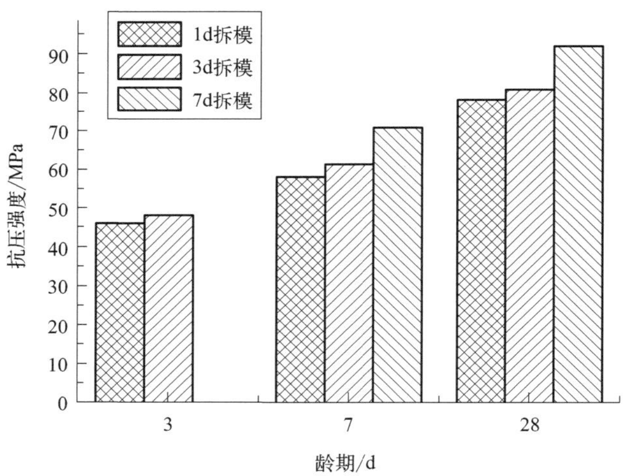

(b) 脱硫渣粉磨72min

图 2.44 不同拆模时间、不同脱硫渣细度胶砂的抗压强度 - 龄期关系

（2）对不同掺量磨细脱硫渣胶砂力学性能的影响

如图 2.45 所示，对掺入 30% 和 50% 磨细脱硫渣的胶砂试件，测试不同拆

模时间下的抗压强度，发现延迟拆模对其抗压强度增长是有利的，3d 拆模和 7d 拆模时其抗压强度均比 1d 拆模高，7d 拆模时最高。因此，对于掺量比较大的磨细脱硫渣胶砂试件，延迟拆模可以提高其抗压强度。

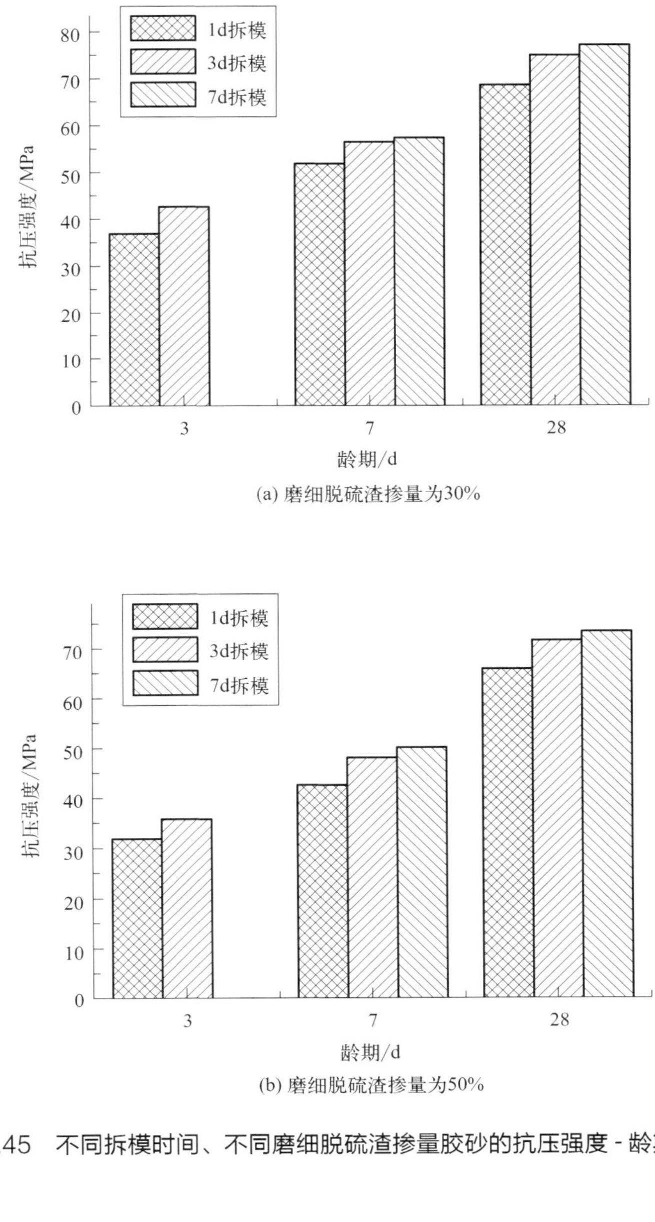

(a) 磨细脱硫渣掺量为30%

(b) 磨细脱硫渣掺量为50%

图 2.45 不同拆模时间、不同磨细脱硫渣掺量胶砂的抗压强度 - 龄期关系

（3）对不同硫酸钠掺量磨细脱硫渣胶砂力学性能的影响

如图2.46所示，与未掺硫酸钠的磨细脱硫渣胶砂相比，掺入1.5%硫酸钠后，3d、7d拆模均造成其抗压强度下降。且延迟拆模时间越长，抗压强度越低。

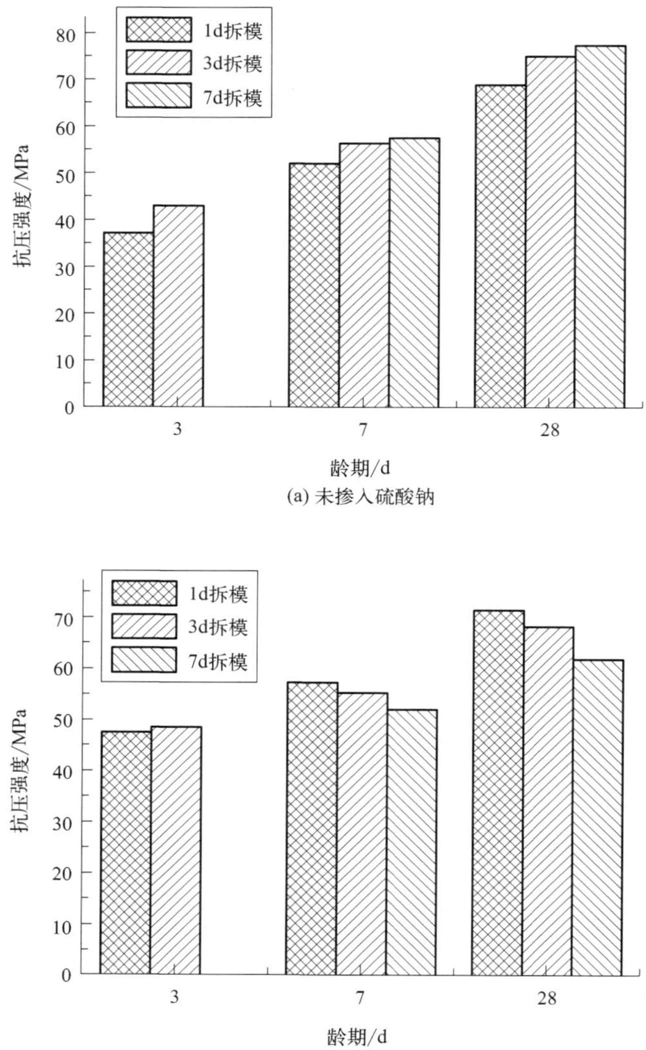

(a) 未掺入硫酸钠

(b) 硫酸钠掺量为1.5%

图2.46 不同拆模时间、不同硫酸钠掺量磨细脱硫渣胶砂的抗压强度-龄期关系

2.3.6.3　影响机理分析

本章研究表明，通过物理粉磨后，脱硫渣的活性得到提高，硬石膏的水化速度加快，其膨胀在早期（1 ～ 7d）有一个集中释放过程。通过延迟拆模，由于模具的约束限制，胶砂的膨胀不能向外自由发展，只能向内部发展，水化产物填充内部孔隙和空隙，使胶砂变得更加密实，因此其抗压强度会得到提高。延迟拆模时间越长，抗压强度越高。

另外，早期膨胀释放后再进行拆模，由于已经释放了一部分膨胀能，因此总体上其线性膨胀率会减小。对于膨胀能比较大的试件，延迟拆模时间越长，对于膨胀的抑制作用越明显。

如图 2.47、图 2.48 所示，通过对脱硫渣 T3 细度 3d 拆模、7d 拆模后养护不同龄期试件的 XRD 图谱进行对比，发现随着龄期的推移，活性二氧化硅含量减少，生成了水化硅酸钙，硬石膏减少，钙矾石增加，方解石增加，验证了线性膨胀增大、抗压强度增大的试验结果。

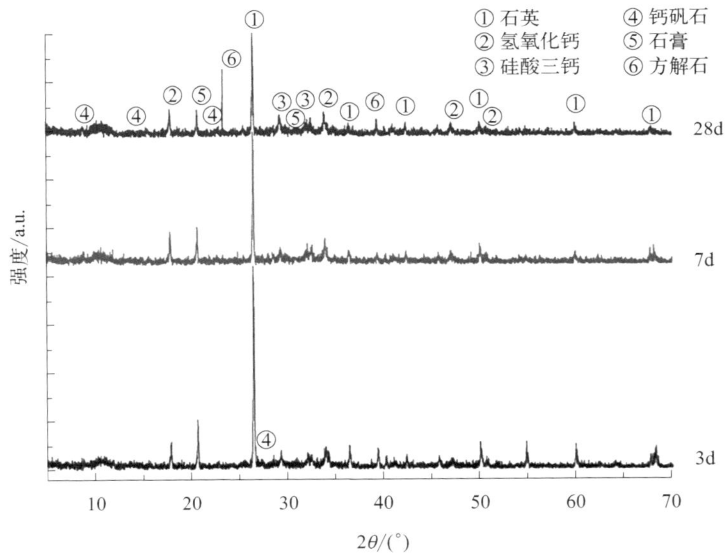

图 2.47　脱硫渣 T3 细度 3d 拆模后养护不同龄期试件的 XRD 对比图

如图 2.49 所示，通过对脱硫渣 T3 细度不同拆模时间试件 28d 龄期的 XRD

图进行对比，发现 3d 拆模时钙矾石、石膏波峰最小，强度最弱，因此其线性膨胀最小。

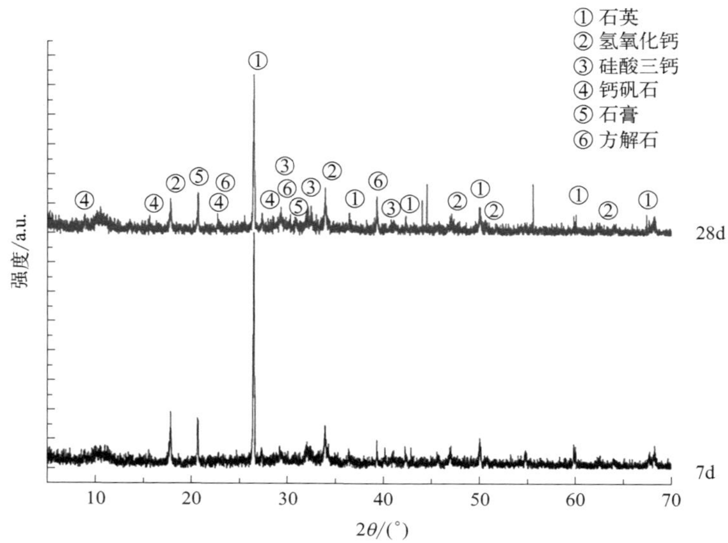

图 2.48　脱硫渣 T3 细度 7d 拆模后养护不同龄期试件的 XRD 对比图

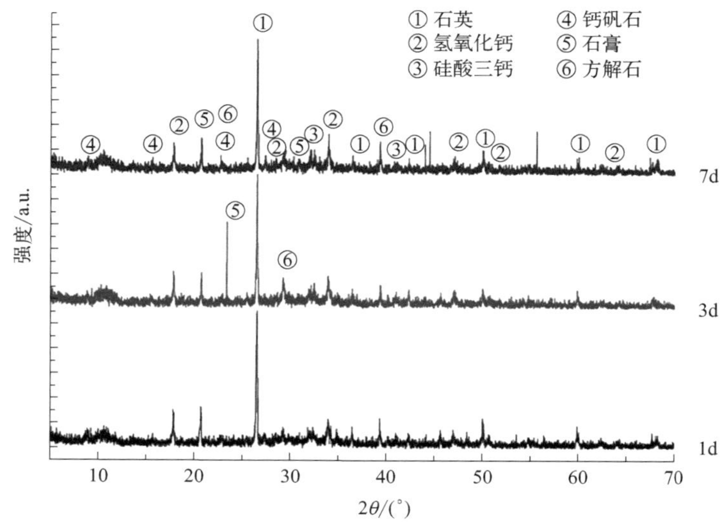

图 2.49　脱硫渣 T3 细度不同拆模时间试件 28d 龄期的 XRD 对比图

对于掺 1.5% 硫酸钠的试件，延迟拆模使其抗压强度降低。如图 2.50 所示，对掺有 1.5% 硫酸钠 7d 拆模的试件进行电镜扫描，发现其中存在微裂纹。可能是由于膨胀受到约束后胀裂所致。

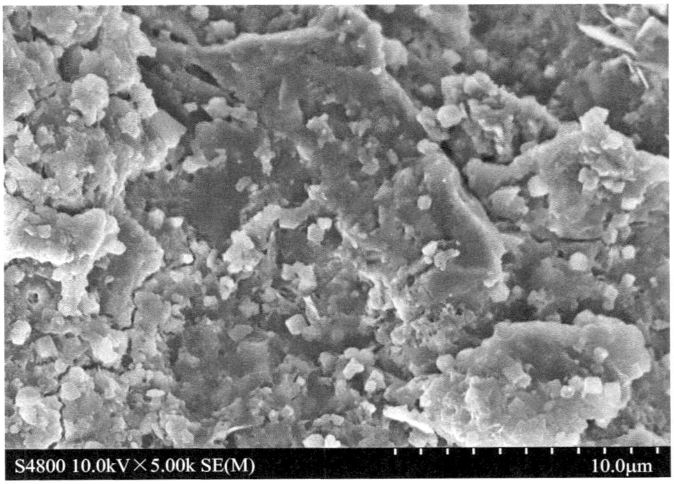

图 2.50　1.5% 硫酸钠掺量的胶砂 7d 拆模试件微观形貌图

2.4　本章小结

本章主要对脱硫渣细度、脱硫渣掺量、激发剂（硫酸钠）掺量等影响因素对脱硫渣 - 水泥净浆标准稠度用水量、凝结时间和安定性，以及脱硫渣 - 水泥胶砂线性膨胀特性和力学性能的影响规律进行了研究。主要结论如下：

① 比表面积是控制脱硫渣 - 水泥净浆标准稠度用水量的主要因素。脱硫渣细度为 T4（粉磨 55min）时，脱硫渣 - 水泥净浆凝结时间最短。脱硫渣细度越大，雷氏值越小，粉磨有利于消除脱硫渣体积安定性问题。

② 脱硫渣掺量越大，脱硫渣 - 水泥净浆标准稠度用水量越大。脱硫渣掺量

为 30% 时，脱硫渣 - 水泥净浆凝结时间最短。掺量越大，雷氏值越大，脱硫渣掺量对脱硫渣 - 水泥净浆膨胀特性影响明显。

③ 硫酸钠的掺入对脱硫渣 - 水泥净浆标准稠度用水量影响很小。掺入硫酸钠会缩短脱硫渣 - 水泥净浆的凝结时间。硫酸钠掺量越大，雷氏值越大。硫酸钠掺量在 1% ～ 2% 范围内时，安定性均合格。

④ 脱硫渣 - 水泥胶砂在 1 ～ 7d 表现出较大的线性膨胀率，7 ～ 14d 出现收缩，此后恢复膨胀，到 28d 后膨胀趋于稳定。

⑤ 随脱硫渣细度增大，脱硫渣 - 水泥胶砂线性膨胀率增大，抗压强度也增大，线性膨胀率和抗压强度成明显的正相关。

⑥ 随脱硫渣掺量增大，脱硫渣 - 水泥胶砂线性膨胀率增大，3d 抗压强度下降。但在脱硫渣掺量为 30% 时，脱硫渣 - 水泥胶砂的 7d、28d 抗压强度最大。

⑦ 随硫酸钠掺量的增大，胶砂线性膨胀率和抗压强度均增大，线性膨胀率和抗压强度成正相关。

⑧ 随水胶比增大，脱硫渣 - 水泥胶砂的线性膨胀率增大，抗压强度减小，线性膨胀率和抗压强度成负相关。

⑨ 脱硫渣膨胀的主要原因在于硬石膏的溶解以及钙矾石的生成。游离氧化钙的水化虽然也会引起体积膨胀，但水化后的氢氧化钙会继续反应生成 C-S-H 凝胶和钙矾石。

⑩ 延迟拆模对脱硫渣 - 水泥胶砂膨胀的抑制作用明显。脱硫渣掺量较小（30% 及以下）时，3d 拆模最有效，脱硫渣掺量较大（50% 及以上）时，7d 拆模最有效。

⑪ 延迟拆模可以提高脱硫渣 - 水泥胶砂的抗压强度，但掺入硫酸钠后，抗压强度会降低，原因可能是脱硫渣 - 水泥胶砂的膨胀受到了约束，使其内部产生了微裂纹。

3

不同约束条件下 CFB 灰渣自密实混凝土膨胀性能研究

混凝土是当今土木工程中用量最大的建筑材料，随着混凝土科学研究的不断进步，尤其是各种化学外加剂和矿物掺合料的广泛应用，混凝土的性能得到了极大提高。但是，不论是普通混凝土，还是高性能混凝土，混凝土的开裂始终是困扰工程界的一大难题。裂缝一旦产生，一方面，降低混凝土结构的承载力；另一方面，大大加速各种侵蚀介质进入混凝土内部，最终导致混凝土开裂破坏，极大降低了混凝土结构的耐久性。如何提高混凝土结构的抗裂能力，是亟须解决的问题之一。裂缝是混凝土结构中容易产生且难以防治的一种病害现象，其类型众多，形成的因素复杂，尤其是北方地区，冬季严寒，夏季炎热，昼夜温差大，很容易使混凝土结构产生裂缝。根据形成原因，混凝土裂缝主要分为塑性收缩裂缝、自收缩裂缝、干燥收缩裂缝、温度收缩裂缝、沉降裂缝、冻胀裂缝、施工裂缝等。有统计资料表明，由外部荷载引起的裂缝约占 20%，而由收缩变形荷载引起的裂缝约占 80%，所以研究和解决由收缩变形荷载引起的裂缝问题是解决混凝土开裂的主要手段。

混凝土的收缩主要包括：化学收缩、塑性收缩、自收缩、干燥收缩、温度收缩。

水泥发生水化反应，会产生明显的体积收缩，称为化学收缩。化学收缩主要是由于水泥的水化和凝结硬化造成的。化学收缩随混凝土龄期增加而增大，大致与时间的对数成正比，早期收缩大，后期收缩小。收缩量与水泥用量和水泥品种有关，水泥用量越大，化学收缩值越大。初凝以前化学收缩表现为宏观的体积缩减，初凝以后则表现为内部孔隙的填充和自收缩。

塑性收缩主要发生在混凝土硬化之前，由于表面的水分蒸发速度大于混凝土内部从下至上的泌水速度，因而引起塑性干燥收缩。一旦混凝土具有一定的强度，不能通过塑性流动来适应塑性收缩，就会发生塑性收缩开裂。

自收缩主要指混凝土初凝后，水泥继续水化，在没有外界水分补充的情况下，混凝土因自干燥作用引起的宏观体积减小。自收缩从初凝开始，主要发生在早期。普通混凝土的总收缩中以干燥收缩为主，自收缩在总收缩中所占的比例较小，因此对普通混凝土干燥收缩的测量就基本上反映了混凝土的整体的收缩性能；而对于高强混凝土和高性能混凝土则不同，自收缩在混凝土的总收缩中所占比例较大且主要发生在早期，在实际应用中表现出易于开裂的倾向。

干燥收缩是指混凝土停止养护后，在不饱和的空气中失去内部毛细孔水、凝胶水及吸附水而发生的长度或体积的减少，是一种不可逆收缩，它不同于干湿交替引起的可逆收缩。影响干燥收缩的主要因素有：水灰比、骨料、构件的尺寸以及外部的温湿度环境等。

温度收缩又称冷缩，混凝土内部由于水泥水化温度升高，最后又冷却到环境温度时产生的收缩。温度收缩的大小与混凝土的热膨胀系数、混凝土内部最高温度和降温速率等因素有关。

针对由于混凝土收缩引起开裂的问题，国内外学者在混凝土特别是高性能混凝土配制时采取了如下补偿收缩或抑制开裂的措施：

① 添加膨胀剂。膨胀剂的种类主要有 3 种，即硫铝酸盐类、氧化钙类和氧化钙 - 硫铝酸盐类。膨胀剂在我国的使用已经有二十多年的历史，在最初的十多年，大多数业内人士认为膨胀剂是补偿混凝土收缩的有效方法。近几年随着混凝土材料技术的进步，矿物掺合料和外加剂被大量使用，然而膨胀剂与它们的复合作用机理和作用效果尚不明确。另外，膨胀剂主要补偿温度收缩和干燥收缩。但在大体积高强混凝土结构中，干燥收缩并不是一个严重的问题，而自收缩却表现得很厉害。当水胶比小于 0.3 时，自收缩几乎占总收缩的一半。

② 添加 MgO。外掺 MgO 的混凝土在水化过程中，MgO 缓慢水化生成 $Mg(OH)_2$，$Mg(OH)_2$ 晶体具有吸水膨胀力和结晶生长压力。研究表明，将 MgO 作为膨胀剂掺入混凝土中，混凝土的自身体积变形呈良好的延迟微膨胀状态，利用 MgO 的延迟微膨胀特性补偿混凝土的温降收缩，可以做到全部或部分取代传统的混凝土坝温控措施。

③ 掺入矿物掺合料。常用的矿物掺合料有粉煤灰、矿渣、硅灰等。添加矿物掺合料的主要作用，一是通过矿物掺合料取代水泥，降低水化反应产生的水化热，减少混凝土自收缩；二是改善界面过渡区微结构，优化孔结构，降低孔隙率，减少或消除内部微裂纹。

④ 添加纤维。在混凝土中加入聚丙烯等纤维材料，依靠纤维和水泥的黏结力，增大材料的抗拉强度，阻挡了裂纹的发展，从而提高材料的抗收缩性能。但掺加纤维后，需要克服和易性的技术问题，应用时可能影响混凝土拌合物和易性，进而导致混凝土结构质量下降。

脱硫渣是循环流化床电厂废弃物，具有良好的活性、自硬性和一定的膨胀性，而自密实混凝土由于水胶比小，会产生较大的收缩，本研究尝试将磨细脱硫渣作为矿物掺合料，取代部分水泥配制自密实混凝土来补偿混凝土收缩，并对其工作性能、力学性能和不同约束条件下的膨胀特性进行研究，一方面为脱硫渣在自密实混凝土中的资源化利用提供新思路，另一方面为自密实混凝土的收缩控制提供新途径。

3.1　原材料性质和测试方法

3.1.1　原材料及主要性质

本章试验所用原材料，除石子、钢管外，其余均与 2.1 节中材料一致。下面仅介绍石子、钢管的情况。

3.1.1.1　石子

石子采用粒径为 5 ～ 20mm 连续级配石灰石，实测表观密度 2786kg/m^3，堆积密度 1510kg/m^3。

3.1.1.2　钢管

钢管采用内径 10cm，壁厚分别为 2mm、3mm、4mm 的 Q235 直缝钢管，力学性能如表 3.1 所示。

表 3.1　钢管力学性能参数表

钢材型号	壁厚 /mm	弹性模量 /GPa	屈服强度 /MPa	极限强度 /MPa	屈服应变 /×10^{-6}	延伸率 /%
Q235 钢	2	215	243	400	1130	50
	3	212	240	396	1132	50

续表

钢材型号	壁厚 /mm	弹性模量 /GPa	屈服强度 /MPa	极限强度 /MPa	屈服应变 /×10^{-6}	延伸率 /%
Q235 钢	4	208	235	389	1130	50

3.1.2 测试方法

3.1.2.1 自密实混凝土工作性能

依据《自密实混凝土应用技术规程》（JGJ/T 283—2012）进行坍落扩展度试验。

3.1.2.2 自密实混凝土膨胀率

（1）试件制作

自由膨胀试件为 100mm×100mm×300mm 的棱柱体试件，单向限制膨胀试件依据《混凝土外加剂应用技术规范》（GB 50119—2013）中附录 B（补偿收缩混凝土的限制膨胀率测定方法）制作，混凝土部分尺寸也为 100mm×100mm×300mm。

试件浇筑好后，立即放入标准养护室养护，1d 后取出拆模，表面覆盖塑料薄膜放在（20±2）℃，相对湿度 50% 的空调房中养护。

钢管限制膨胀试件钢管壁厚采用 2mm、3mm、4mm 三种规格，钢管高度均为 300mm。

钢管在浇筑前进行除锈，并将底板焊好，浇筑后立即放入标准养护室进行养护，1d 后取出将顶板焊好，同样放在（20±2）℃，相对湿度 50% 的空调房中养护。

自由膨胀试件、单向限制膨胀试件、钢管限制膨胀试件如图 3.1 所示。

（2）膨胀值测试

自由膨胀试件和单向限制膨胀试件首先采用自制膨胀率测试装置测量膨胀值，然后计算膨胀率。测试装置由钢框架和千分表组成，如图 3.2（a）所示。试件在标准养护室养护 1d 后取出测量初始值，此后放在（20±2）℃、相对湿度 50% 的空调房中，每天测试，连续测试 28d。

钢管限制膨胀试件中部沿环向和轴向各粘贴4个应变片。试件浇筑好后，在标准养护室养护1d取出，放在（20±2）℃、相对湿度50%的空调房中。试件环向、轴向应变片通过屏蔽导线与DH3818静态电阻应变仪连接，应变仪再与电脑连接，通过电脑读取应变值，连续测试28d，如图3.2（b）所示。

(a) 自由膨胀试件

(b) 单向限制膨胀试件

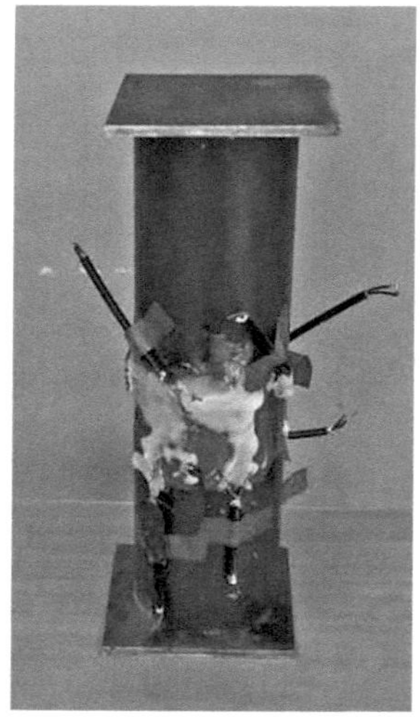

(c) 钢管限制膨胀试件

图3.1　膨胀试件

(a) 测试装置主体

(b) 应变仪的连接

图3.2　测试装置

3.2 脱硫渣自密实混凝土的配制及其性能

3.2.1 脱硫渣自密实混凝土的配合比设计

以磨细脱硫渣等量取代水泥，参照《自密实混凝土应用技术规程》（JGJ/T 283—2012），进行配合比设计和混凝土的配制。采用细度为 T3（粉磨 39min）的磨细脱硫渣，水胶比分别取 0.3、0.34 和 0.38，脱硫渣取代率分别为 0、10%、30%、50%，进行配合比设计，经试配、调整后各材料用量如表 3.2 所示。

表 3.2　自密实混凝土配合比各材料用量

配合比编号	水胶比	碎石 /（kg/m³）	砂子 /（kg/m³）	水泥 /（kg/m³）	磨细脱硫渣 /（kg/m³）	水 /（kg/m³）	硫酸钠 /（kg/m³）	减水剂 /（kg/m³）
SCC1	0.3	878	786	548	0.0	165	0	5.49
SCC2	0.3	878	786	493	55	165	0	6.58
SCC3	0.3	878	786	384	164	165	0	7.67
SCC4	0.3	878	786	274	274	165	0	9.32
SCC5	0.3	878	786	384	164	165	8.22	7.67
SCC6	0.34	878	786	366	157	178	0	6.79
SCC7	0.38	878	786	351	150	190	0	6.01

3.2.2 新拌脱硫渣自密实混凝土的工作性能

自密实混凝土的自密实性包括填充性、间隙通过性和抗离析性三方面的内容。填充性通过坍落扩展度、扩展时间来控制；间隙通过性通过坍落扩展度和 J 环扩展度差值来控制；抗离析性通过离析率和粗骨料振动离析率来控制。

间隙通过性和抗离析性主要用于配筋混凝土结构使用的自密实混凝土的测试，本书研究中所配制的自密实混凝土主要用于钢管混凝土结构，属于无筋混凝土结构，填充性通过坍落扩展度达到SF1级即可，无需进行间隙通过性和抗离析性的控制。

依据《自密实混凝土应用技术规程》（JGJ/T 283—2012），SF1级自密实混凝土的坍落扩展度范围是550～655mm。为了降低数据波动的影响，本试验限定坍落扩展度范围为550～600mm。本书配制的自密实混凝土的坍落扩展度如表3.3所示，坍落扩展度均达到了要求。坍落扩展度测试试验过程如图3.3所示。

在配制自密实混凝土和工作性能测试过程中，发现如下试验现象：①掺入磨细脱硫渣后，混凝土坍落扩展度损失明显；②掺入磨细脱硫渣后，混凝土黏聚性提高。

表3.3 坍落扩展度试验结果

配比编号	水胶比	磨细脱硫渣掺量/%	Na_2SO_4掺量/%	减水剂掺量/%	坍落扩展度/mm
SCC1	0.3	0	0	1.0	590
SCC2	0.3	10	0	1.2	565
SCC3	0.3	30	0	1.4	590
SCC4	0.3	50	0	1.7	555
SCC5	0.3	30	1.5	1.4	590
SCC6	0.34	30	0	1.3	580
SCC7	0.38	30	0	1.2	585

3.2.2.1 磨细脱硫渣掺量对坍落扩展度的影响

如图3.4所示，随磨细脱硫渣掺量的增加，要将自密实混凝土坍落扩展度控制在550～600mm内小范围波动，需要相应增加减水剂的掺量。可以认为，如果减水剂掺量不变，坍落扩展度会随磨细脱硫渣掺量的增加而减小。

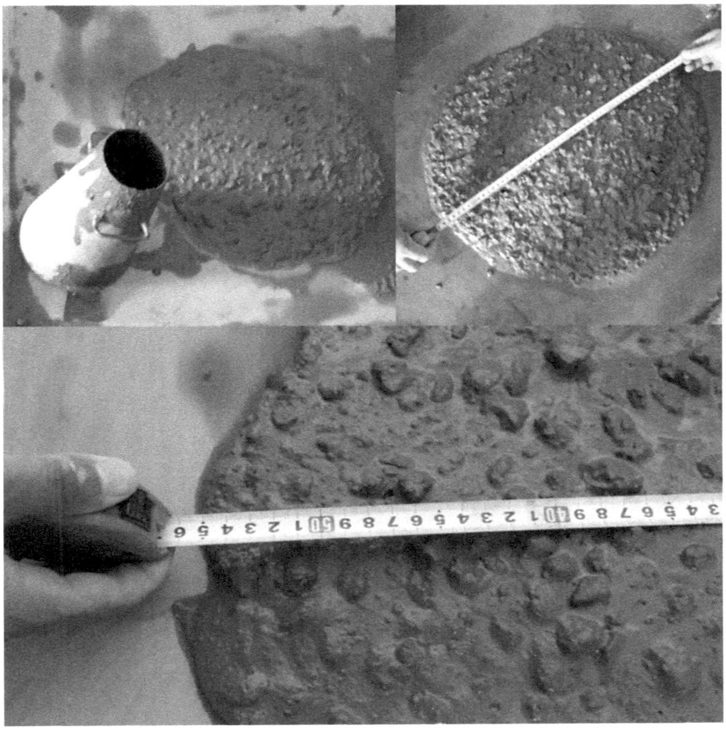

图 3.3 坍落扩展度测试试验

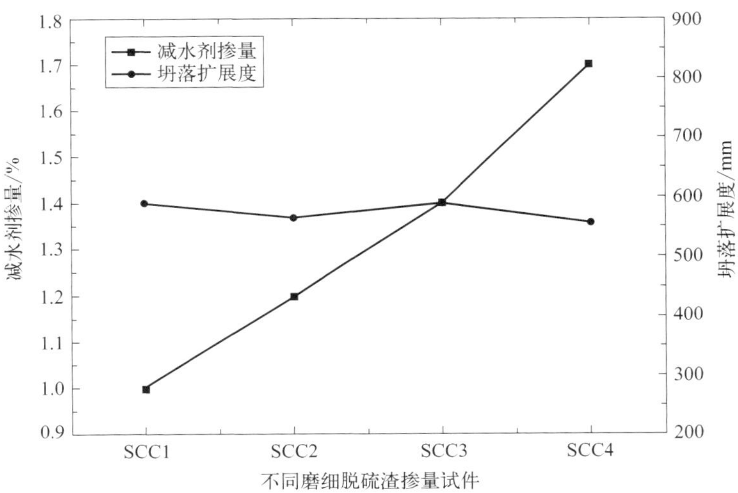

图 3.4 不同磨细脱硫渣掺量对坍落扩展度和减水剂掺量的影响

3.2.2.2 水胶比对坍落扩展度的影响

由图 3.5 可以看出，随水胶比的增大，坍落扩展度波动很小，而减水剂掺量是不断减小的。也就是说如果减水剂掺量保持不变，水胶比增大，坍落扩展度也会增大。

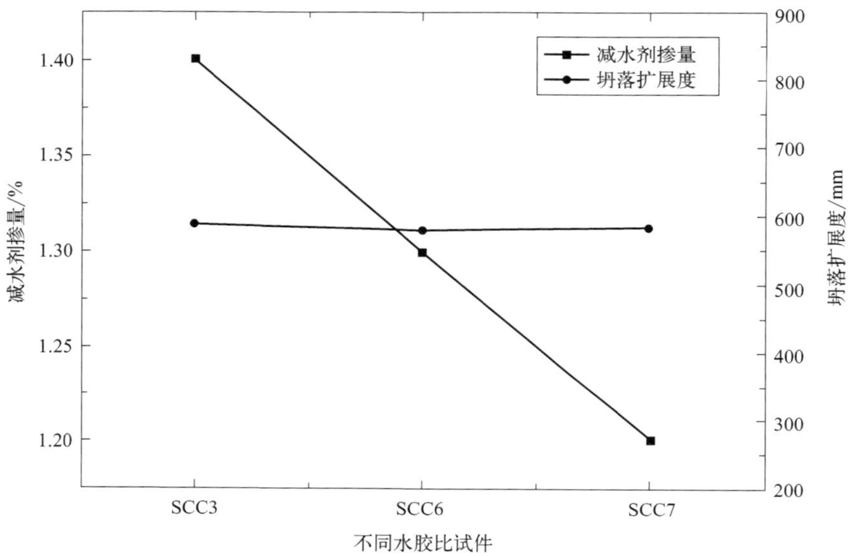

图 3.5 不同水胶比对坍落扩展度和减水剂掺量的影响

3.2.2.3 硫酸钠的掺入对坍落扩展度的影响

由图 3.6 可以看出，掺入 1.5% 的硫酸钠不需要增加或减少减水剂的掺量，就能达到和不掺硫酸钠相同的坍落扩展度。因此，掺入少量的硫酸钠对自密实混凝土的坍落扩展度基本上没有影响。

3.2.3 脱硫渣自密实混凝土的力学性能

新拌自密实混凝土成型后，放入标准养护室进行养护，1d 后取出拆模，然后采用塑料薄膜将试块包裹，放入（20±2）℃，相对湿度 50% 的空调房内进行养护，分别测试 3d、7d、28d 抗压强度，测试结果如表 3.4 所示。

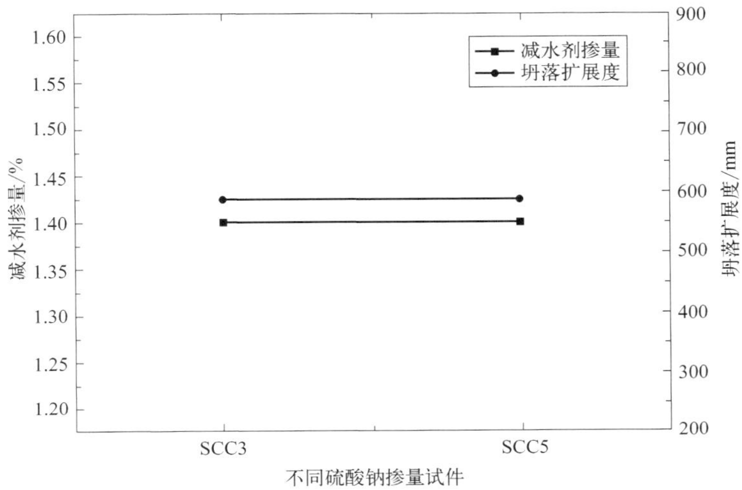

图 3.6　硫酸钠对坍落扩展度和减水剂掺量的影响

表 3.4　脱硫渣自密实混凝土的抗压强度

配比编号	水胶比	磨细脱硫渣掺量 /%	Na_2SO_4 掺量 /%	抗压强度 /MPa		
				3d	7d	28d
SCC1	0.3	0	0	37.7	49.1	57.1
SCC2	0.3	10	0	28.4	42.8	52.4
SCC3	0.3	30	0	32.4	45.6	55.5
SCC4	0.3	50	0	27.9	38.8	48.8
SCC5	0.3	30	1.5	38.1	47.2	57.1
SCC6	0.34	30	0	25.3	38.5	46.6
SCC7	0.38	30	0	18.9	28.3	37.1

3.2.3.1　磨细脱硫渣掺量对抗压强度的影响

由图 3.7 可以看出，与不掺相比，掺入磨细脱硫渣后，不同龄期测得的抗压强度均有不同程度的下降，随掺量的增大，抗压强度呈现先减小，后增大，再减小的趋势。

以 28d 抗压强度来看，SCC2 较 SCC1 下降了 8.2%；SCC4 较 SCC1 下降了 14.5%；SCC3 较 SCC1 下降幅度最小，为 2.8%。

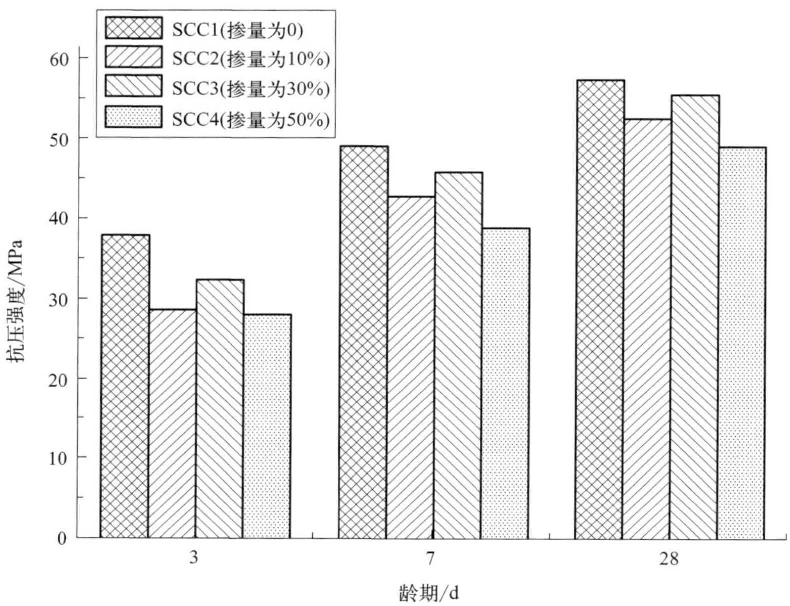

图 3.7　磨细脱硫渣掺量与混凝土抗压强度关系图

3.2.3.2　水胶比对抗压强度的影响

由图 3.8 可以看出，随水胶比增大，不同龄期测得的抗压强度均降低。水胶比和抗压强度成反比，这与普通混凝土水灰比理论是一致的。

与 SCC3 相比，SCC6 的 28d 抗压强度降低了 16%，SCC7 的 28d 抗压强度降低了 33%。

3.2.3.3　硫酸钠的掺入对抗压强度的影响

由图 3.9 可以看出，掺入 1.5% 的硫酸钠后，抗压强度有所提高：3d 抗压强度提高了 17.6%；7d 抗压强度提高了 3.5%；28d 抗压强度提高了 2.9%。说明掺入硫酸钠能够大幅度提高混凝土的早期强度，而后期强度提高幅度不大。

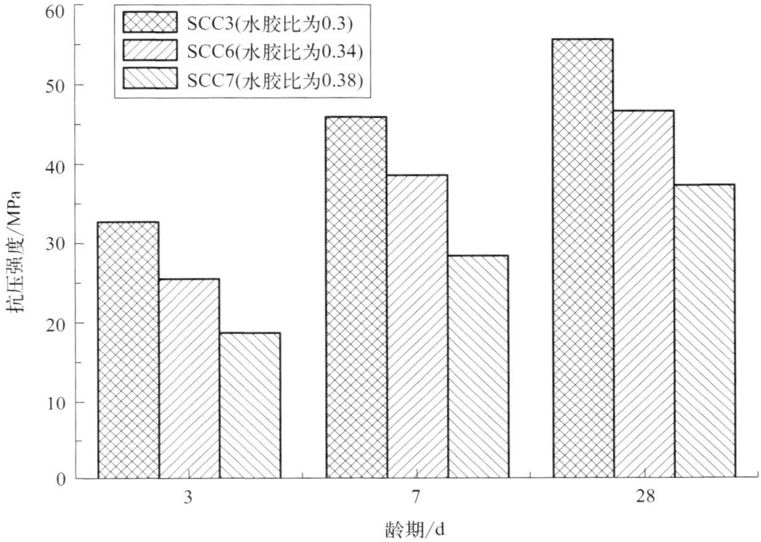

图 3.8　水胶比与混凝土抗压强度关系图

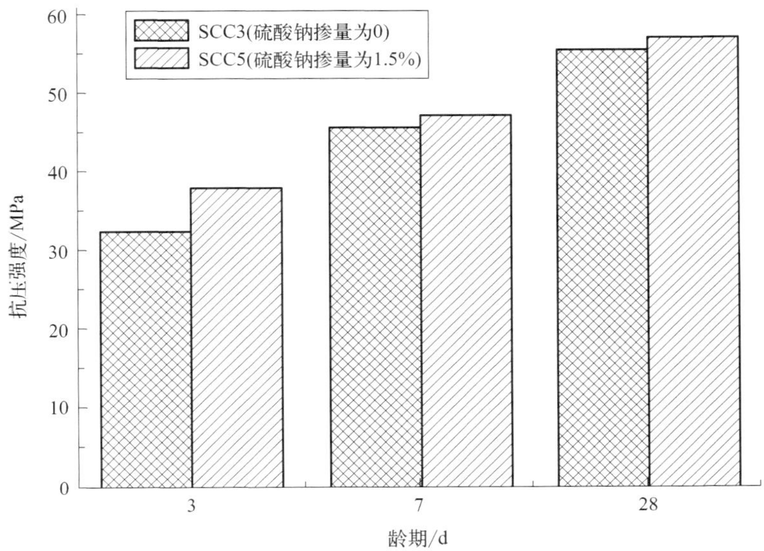

图 3.9　硫酸钠的掺入与混凝土抗压强度关系图

3.3 自由状态和单向限制状态下的膨胀性能研究

如前所述，混凝土的收缩主要包括：化学收缩、塑性收缩、自收缩、干燥收缩、温度收缩。化学收缩和塑性收缩主要发生在终凝前，本书研究中采用了覆膜密封养护，养护条件为恒温恒湿养护，可最大限度降低干燥收缩和温度收缩的影响。因此，试件主要发生自收缩。

取表 3.2 中的前 5 个配比，分别制作 5 组自由膨胀试件和单向限制膨胀试件，每组 3 个。取测试结果平均值，计算膨胀率，绘制膨胀率 - 龄期关系图，如图 3.10 所示。

28d 龄期自由膨胀率和限制膨胀率如表 3.5 所示。

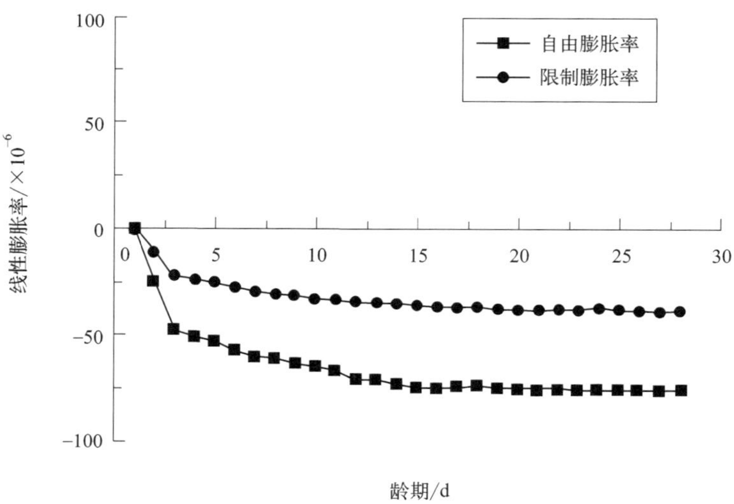

(a) 试件SCC1

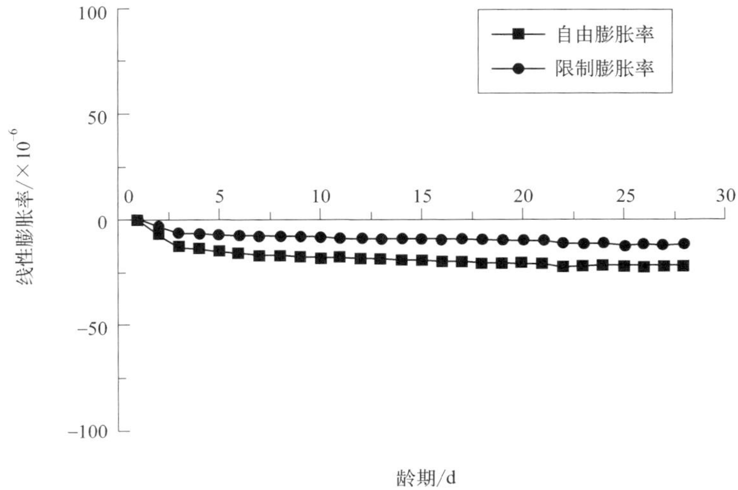

(b) 试件SCC2

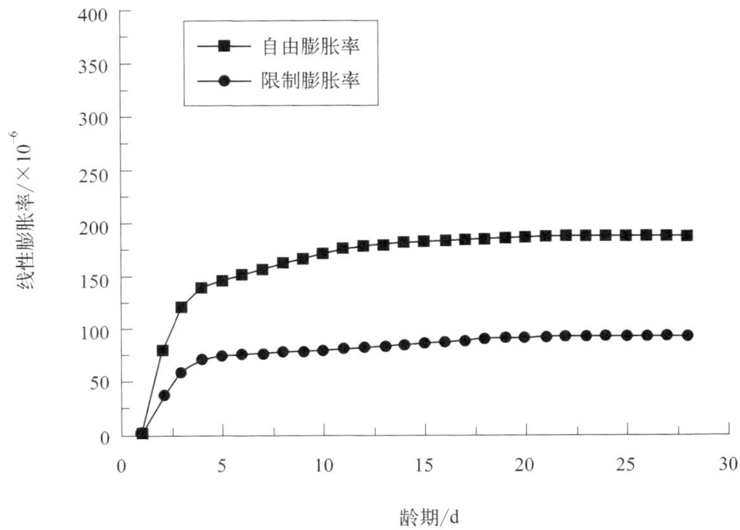

(c) 试件SCC3

图 3.10

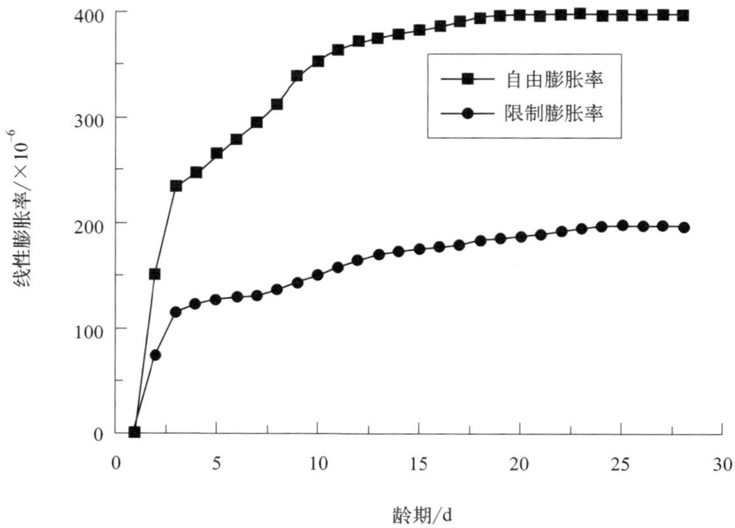

(d) 试件SCC4

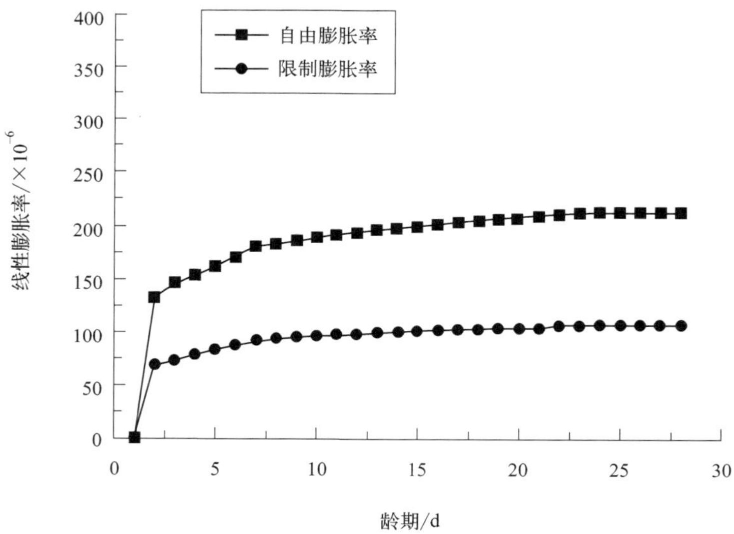

(e) 试件SCC5

图 3.10　脱硫渣自密实混凝土自由膨胀率、限制膨胀率 - 龄期关系图

表 3.5 自密实混凝土 28d 膨胀率 单位：$\times10^{-6}$

指标	SCC1	SCC2	SCC3	SCC4	SCC5
自由膨胀率	−76.5	−22.22	187	397.11	214
限制膨胀率	−38.7	−12	93	196	108

3.3.1 自由状态下的膨胀性能分析

3.3.1.1 自由膨胀试件膨胀现象分析

（1）SCC1

未掺磨细脱硫渣的自密实混凝土，由于没有有效的膨胀组分，表现出明显的收缩特性，拆模后到 3d 龄期，收缩明显，此后收缩放缓，大约在 14d 后趋于稳定。

（2）SCC2

掺入 10% 磨细脱硫渣的 SCC2，与 SCC1 相比，收缩幅度明显变小，说明磨细脱硫渣水化硬化后产生的膨胀补偿了部分收缩，但不能完全补偿自密实混凝土的自收缩。

（3）SCC3

掺入 30% 磨细脱硫渣的 SCC3，表现出明显的膨胀特性，说明掺入脱硫渣不仅补偿了混凝土的自收缩，而且还能继续膨胀。拆模后到 3d 龄期，膨胀快速释放，此后膨胀速度减缓，大约在 14d 后趋于稳定。

（4）SCC4

掺入 50% 磨细脱硫渣的 SCC4，同样表现出明显的膨胀特性，与 SCC3 相比，28d 自由膨胀率增大了 1.12 倍，达 397.11×10^{-6}。

（5）SCC5

在 SCC3 的基础上，添加 1.5% 的硫酸钠，28d 自由膨胀率比 SCC3 增大了 14.4%。从膨胀规律来看，SCC5 在 1 ～ 2d 龄期膨胀快速释放，此后膨胀速度放缓，7d 后进一步放缓，14d 后趋于稳定。

3.3.1.2 自由膨胀试件膨胀规律

由以上分析可知，SCC1、SCC2 由于未掺或所掺磨细脱硫渣过少，没有足够的膨胀水化产物，所以表现为收缩；而 SCC3、SCC4、SCC5 由于磨细脱硫渣掺量较大或掺入了激发剂，表现为膨胀。

自密实混凝土的自由膨胀率随磨细脱硫渣掺量的增大而增大，这和胶砂线性膨胀规律是一致的，而硫酸钠的掺入同样会增大其膨胀率。

通过对膨胀试件的膨胀规律进行分析，发现自密实混凝土的自由膨胀率随龄期增长，其发展规律大致可以分为下述 3 个阶段。

第 1 阶段：快速释放期，1 ～ 3d。膨胀试件拆模后，膨胀快速释放，大约持续 2d。在早期，脱硫渣水化反应生成的氢氧化钙、石膏、钙矾石，都会引起体积膨胀，在抵消了水泥早期的化学收缩和塑性收缩后，仍积攒了一定的膨胀能，但由于模具的约束作用，膨胀不能自由释放。拆模后，限制膨胀的约束消除，膨胀自由释放，因此有一个短期快速膨胀过程。

第 2 阶段：缓慢增长期，4 ～ 21d。3d 后，一方面，试件在拆模后膨胀能得到了快速释放，另一方面，水化硬化反应速度减缓，水化产物向内部填充空隙，结构变得密实。因此，膨胀速度降低，变为缓慢增长。

第 3 阶段：膨胀稳定期，21d 后。21d 后，自密实混凝土硬化产生的膨胀仍然能够抵消其发生的自收缩，总体上膨胀没有继续发展，趋于稳定。

3.3.1.3 28d 自由膨胀率 - 磨细脱硫渣掺量拟合曲线

对试验数据进行曲线拟合，如图 3.11 所示。自由膨胀率 (y) - 磨细脱硫渣掺量 (x) 的关系式为：

$$y = -77 + 275x + 3011x^2 - 3333x^3 \tag{3.1}$$

依据式（3.1）可计算磨细脱硫渣不同掺量下其对应的自由膨胀率。当磨细脱硫渣掺量达到 13% 时，自由膨胀率由负转正，自密实混凝土由收缩转为膨胀。

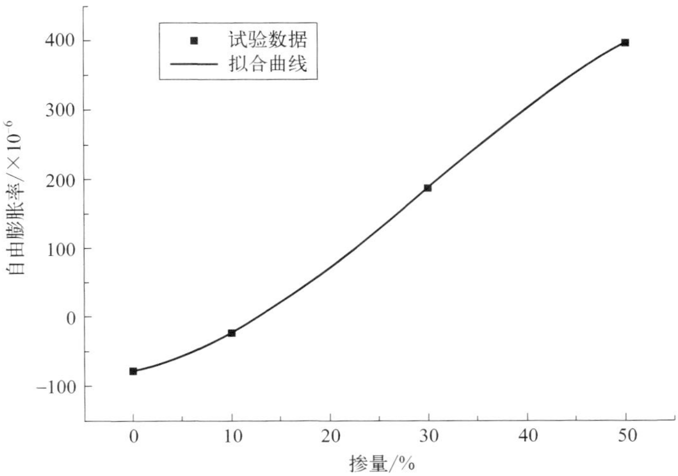

图 3.11 脱硫渣自密实混凝土 28d 自由膨胀率 - 磨细脱硫渣掺量拟合曲线

3.3.2 单向限制状态下的膨胀性能分析

3.3.2.1 试验现象分析

由于在构件两端施加了轴向约束，单向限制状态较自由状态，不论膨胀和收缩都明显减小。

从试验结果来看，单向限制并不会改变膨胀或收缩发展规律，只是约束了膨胀或阻碍了收缩。构件两端钢板通过钢筋连接，材料膨胀时，由于钢筋的拉结作用，限制了膨胀；材料收缩时，由于材料与钢筋及钢板间良好的黏结力，阻碍了收缩。

试验数据表明，单向限制状态的限制膨胀率大约是自由状态下的自由膨胀率的 0.5 倍。

3.3.2.2 自应力值的计算

表 3.5 给出了混凝土 28d 限制膨胀率，记为 ε，依据混凝土产生的膨胀压力 F_c 与钢筋中的拉力 F_s 相等，可建立下式：

$$F_c = F_s \tag{3.2}$$

而：

$$F_c = A_c \cdot \sigma \tag{3.3}$$

$$F_s = A_s \cdot E_s \cdot \varepsilon \tag{3.4}$$

故：

$$A_c \cdot \sigma = A_s \cdot E_s \cdot \varepsilon \tag{3.5}$$

上式中，A_c 为混凝土受压面积；σ 为混凝土自应力；A_s 为钢筋横截面积；E_s 为钢筋弹性模量；ε 为钢筋应变。

又因配筋率 μ 为：

$$\mu = \frac{A_s}{A_c} \tag{3.6}$$

则混凝土的自应力值为：

$$\sigma = \mu \cdot E_s \cdot \varepsilon \tag{3.7}$$

依据式（3.6），计算 SCC3、SCC4、SCC5 的自应力，结果如表 3.6 所示。依据《补偿收缩混凝土应用技术规程》（JGJ/T 178—2009），膨胀混凝土分为补偿收缩混凝土和自应力混凝土，补偿收缩混凝土的自应力值范围是 0.2 ～ 1.0 MPa。SCC4 的自应力值达到了 0.3 MPa，属于补偿收缩混凝土，而 SCC3 和 SCC5 虽然也表现为膨胀，但应力值较小，小于 0.2 MPa，没有达到补偿收缩混凝土要求的应力水平，不属于补偿收缩混凝土，可称其为微膨胀混凝土。

表 3.6 脱硫渣自密实混凝土自应力值

编号	μ/%	E_s/MPa	$\varepsilon/\times10^{-6}$	σ/MPa
SCC3	0.7854	2.0×10^5	93	0.15
SCC4	0.7854	2.0×10^5	196	0.3
SCC5	0.7854	2.0×10^5	108	0.17

3.4 钢管约束状态下的膨胀性能研究

为了研究脱硫渣自密实混凝土在三维约束状态下的膨胀特性，尝试将脱硫渣自密实混凝土装入钢管，制作钢管混凝土试件，并在浇筑后封好盖板，保证混凝土处于三向约束状态。在钢管外表面中部粘贴轴向、环向应变片，测试轴向、环向应变。

共制作 9 组试件，每组 2 个，表 3.7 列出了钢管限制膨胀试件的主要参数。测试结果取平均值，依据计算结果绘制脱硫渣自密实混凝土在钢管约束状态下的应变 - 龄期关系图，如图 3.12 所示。

表 3.7 钢管限制膨胀试件主要参数

试件编号	混凝土编号	W/B	磨细脱硫渣掺量 /%	硫酸钠掺量 /%	$D\times t\times L$ /mm
GP1	SCC1	0.3	0	0	100×2×300
GP2	SCC2	0.3	10	0	100×2×300
GP3	SCC3	0.3	30	0	100×2×300
GP4	SCC4	0.3	30	0	100×3×300
GP5	SCC5	0.3	30	0	100×4×300
GP6	SCC3	0.3	50	0	100×2×300
GP7	SCC3	0.34	30	0	100×2×300
GP8	SCC6	0.38	30	0	100×2×300
GP9	SCC7	0.3	30	1.5	100×2×300

注：D 为混凝土试件截面直径；t 为钢管壁厚；L 为试件高度。

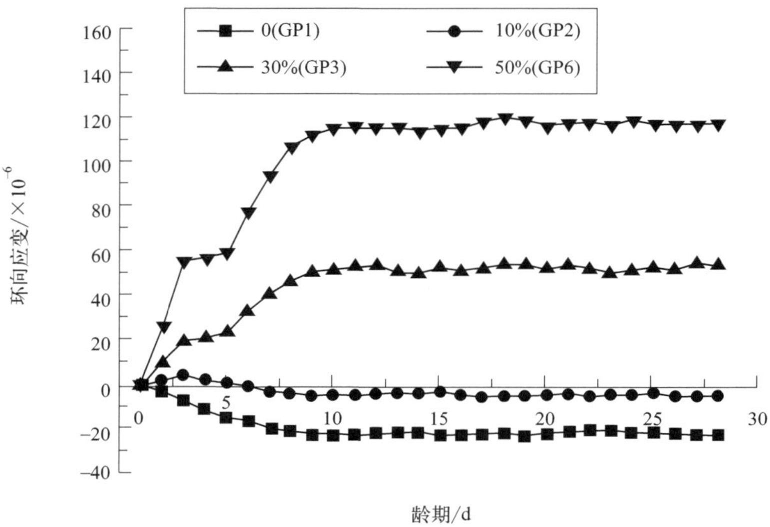

(a) 不同脱硫渣掺量试件环向应变 - 龄期关系

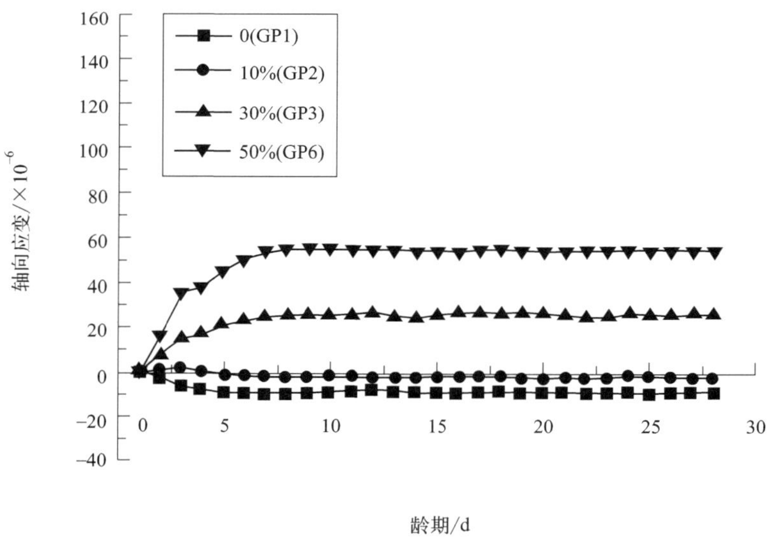

(b) 不同脱硫渣掺量试件轴向应变 - 龄期关系

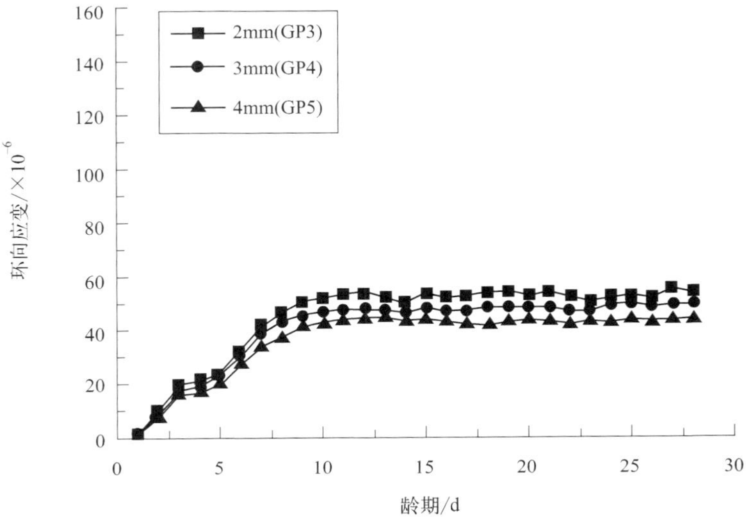

(c) 不同钢管壁厚试件环向应变 - 龄期关系

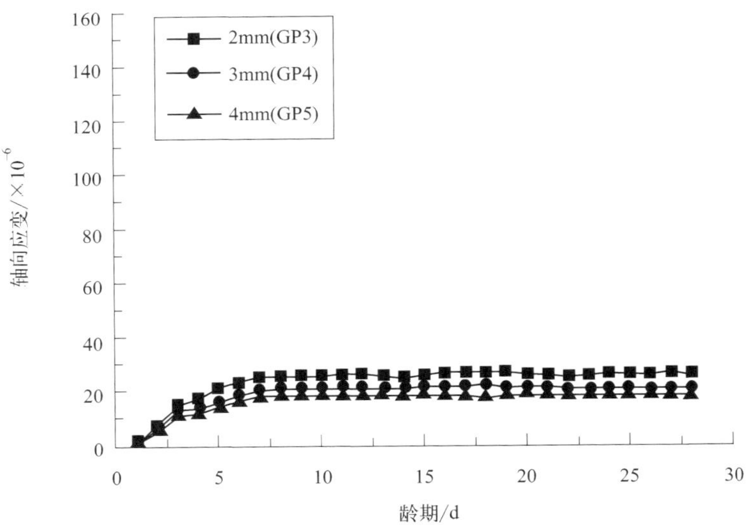

(d) 不同钢管壁厚试件轴向应变 - 龄期关系

图 3.12

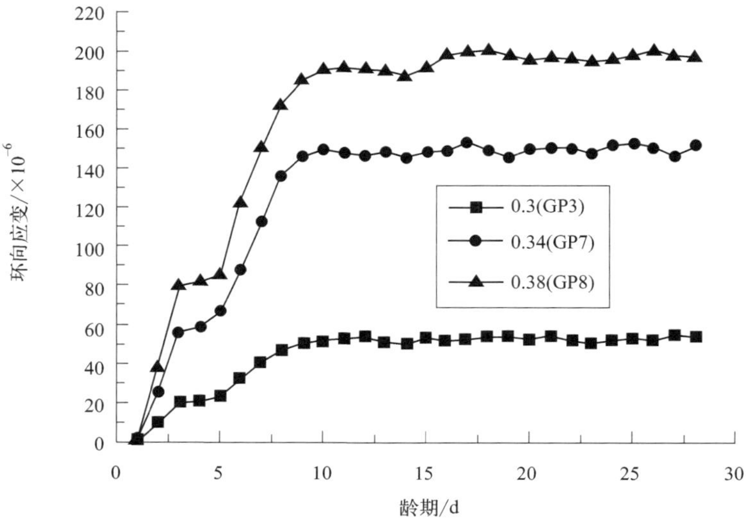

(e) 不同水胶比试件环向应变 - 龄期关系

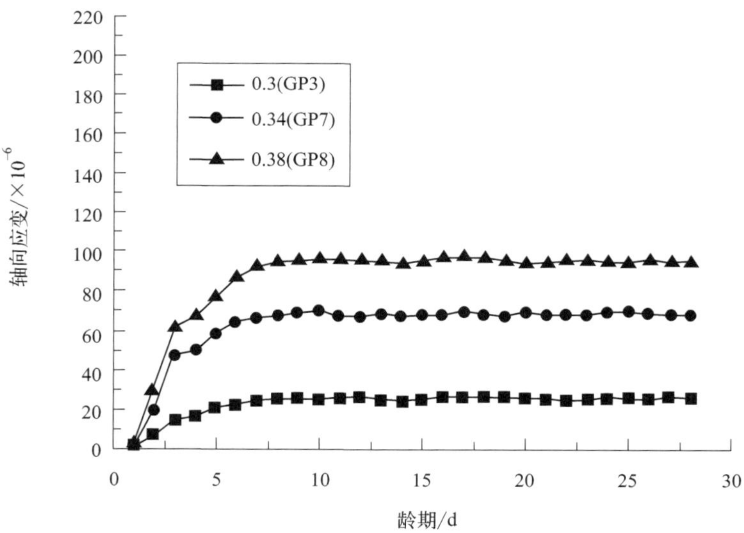

(f) 不同水胶比试件轴向应变 - 龄期关系

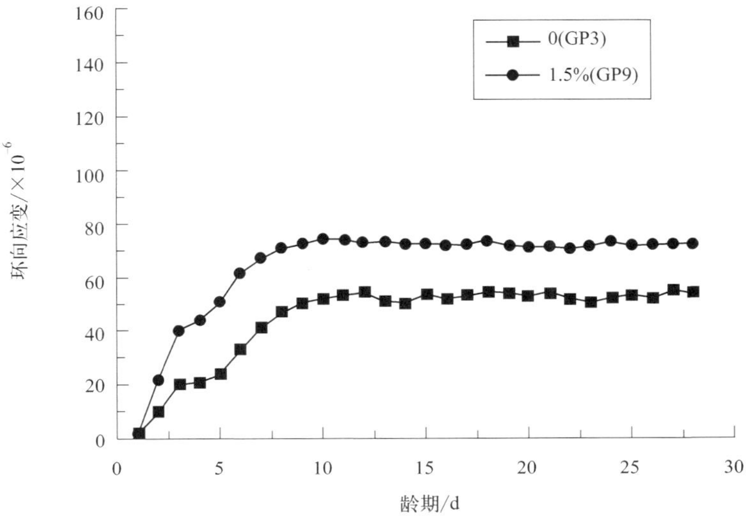

(g) 不同硫酸钠掺量试件环向应变 - 龄期关系

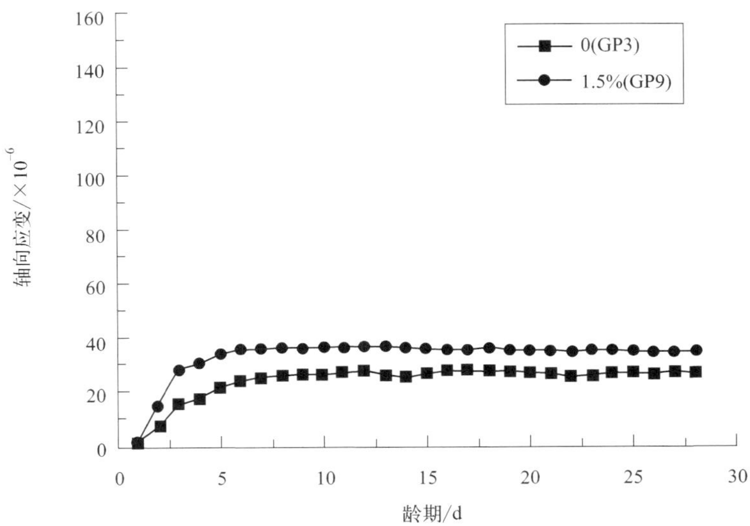

(h) 不同硫酸钠掺量试件轴向应变 - 龄期关系

图 3.12 脱硫渣自密实混凝土在钢管约束状态下的应变 - 龄期关系图

3.4.1 膨胀规律分析

由图 3.12 可以看出，除 GP1、GP2 环向应变、轴向应变表现为负值外，其余试件均为正值。钢管约束状态下钢管的环向应变和轴向应变主要发生在试件浇筑后的前 10d，早期应变增长速度较快，10d 后趋于稳定。图 3.12(a)、(c)、(e)、(g) 为钢管环向应变，图 3.12(b)、(d)、(f)、(h) 为钢管轴向应变，环向应变比轴向应变大得多，28d 龄期环向应变是轴向应变的 2 ～ 2.5 倍，如表 3.8 所示。

表 3.8 钢管 28d 应变值 单位：$\times 10^{-6}$

编号	GP1	GP2	GP3	GP4	GP5	GP6	GP7	GP8	GP9
环向应变（ε_θ）	−23.01	−5.17	53.84	49.41	43.63	117.01	150.82	196.75	71.72
轴向应变（ε_z）	−9.47	−2.45	25.96	20.39	18.05	54.26	68.22	95.01	34.21
$\lvert\varepsilon_\theta\rvert/\lvert\varepsilon_z\rvert$	2.43	2.11	2.07	2.42	2.42	2.16	2.21	2.07	2.10

与自由膨胀试件相比，钢管约束试件核心混凝土由于始终受到钢管的约束，虽然早期应变增长速度较快，但膨胀比较平和，可将其划分为两个阶段：

第 1 阶段：增长期，1 ～ 10d。伴随胶凝材料的水化，膨胀平稳增长。

第 2 阶段：稳定期，10d 后。水化速度明显放慢，虽然有膨胀，但与混凝土自收缩基本相当，应变变化很小。

3.4.1.1 磨细脱硫渣掺量对钢管环向和轴向应变的影响

如图 3.12(a)、(b) 所示，未掺磨细脱硫渣的 GP1 和掺入 10% 磨细脱硫渣的 GP2 表现为收缩，掺入 30% 磨细脱硫渣的 GP3 和掺入 50% 磨细脱硫渣的 GP6 表现为膨胀。随脱硫渣掺量的增加，钢管环向应变和轴向应变由负变正，由收缩变为膨胀，说明磨细脱硫渣的掺入对核心混凝土的收缩有明显的补偿作用，掺量越大，膨胀越大。这和前面研究的胶砂膨胀规律是一致的。

3.4.1.2 钢管壁厚对钢管环向和轴向应变的影响

图 3.12(c)、(d) 反映了钢管壁厚对钢管环向应变和轴向应变的影响规律。

含钢量是影响钢管混凝土承载力的主要因素，而壁厚直接决定钢管混凝土的含钢量。因此，壁厚会直接影响钢管混凝土的承载力。壁厚不同，对核心混凝土的约束作用大小不同。从试验结果来看，壁厚对钢管环向应变和轴向应变有一定的影响，壁厚越大，对核心混凝土的约束限制作用越大，因而钢管产生的应变越小。

3.4.1.3 水胶比对钢管环向和轴向应变的影响

在第二章对胶砂膨胀性的研究中得出这样的结论：水胶比对胶砂线性膨胀率的影响较大。随水胶比增大，胶砂线性膨胀率也增大。对于钢管约束下的核心混凝土，这一规律同样适用。如图 3.12(e)、(f) 所示，随水胶比增大，钢管环向应变和轴向应变均增大，特别是水胶比由 0.3 增大到 0.34，环向应变增大了近 2 倍。

3.4.1.4 硫酸钠的掺入对钢管环向和轴向应变的影响

由图 3.12(g)、(h) 可以看出，随着硫酸钠的掺入，钢管环向应变和轴向应变都有所增大，同样说明硫酸钠的掺入会增大自密实混凝土的膨胀。

3.4.2 应力分析

3.4.2.1 GP3 ~ GP9

首先对 GP3 ～ GP9 共 7 组产生膨胀的钢管混凝土构件进行应力分析。

钢管混凝土内部的核心混凝土由于有磨细脱硫渣膨胀源的存在，对约束钢管产生压力，而钢管在受到压力的同时，会对核心混凝土产生反作用力，图 3.13 和图 3.14 反映了钢管和核心混凝土的受力情况。

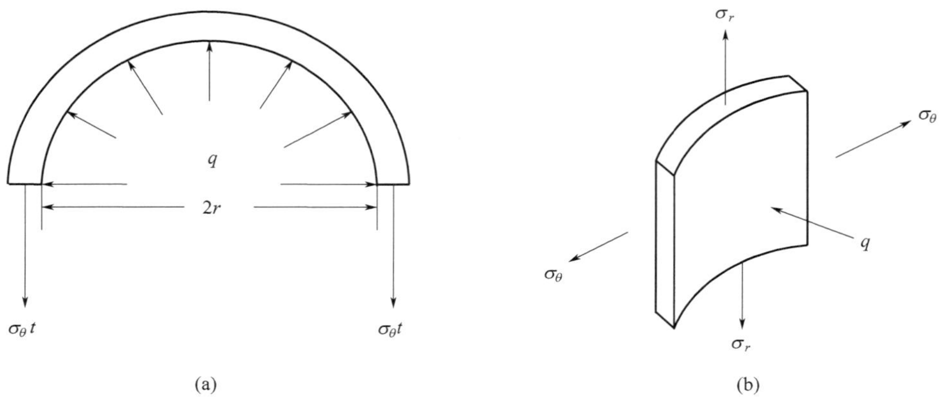

图 3.13 钢管受力图

q—核心混凝土径向压应力；r—钢管内径；t—钢管壁厚

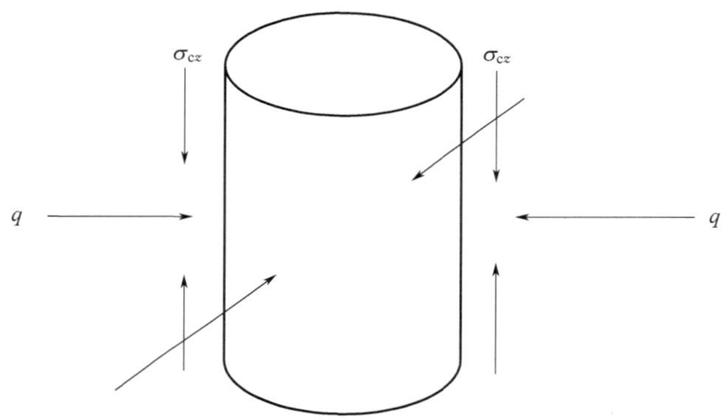

图 3.14 核心混凝土受力图

当核心混凝土膨胀时，钢管环向和轴向会产生拉应力，而核心混凝土径向和轴向会产生压应力。由于钢管壁很薄，可以假设环向应力沿管壁厚均匀分布。通过在钢管表面测得的环向应变 ε_θ 和轴向应变 ε_z ，依据式（3.8）、式（3.9）可以计算钢管环向应力 σ_θ 和轴向应力 σ_z 。

$$\sigma_\theta = \frac{E_s}{1-\mu_s^2}(\varepsilon_\theta + \mu_s \varepsilon_z) \tag{3.8}$$

$$\sigma_z = \frac{E_s}{1-\mu_s^2}(\varepsilon_z + \mu_s \varepsilon_\theta) \tag{3.9}$$

式中，σ_θ、σ_z 分别为钢管环向与轴向应力；ε_θ、ε_z 分别为实测环向和轴向应变；E_s 和 μ_s 分别是钢管的弹性模量和泊松比，表 3.1 给出了弹性模量，泊松比取 0.3。

根据图 3.13 所示平衡条件 $2\sigma_\theta \cdot t = 2rq$，解得核心混凝土径向压应力 q 为：

$$q = \frac{t}{r}\sigma_\theta \tag{3.10}$$

式中，r 为钢管内径；t 为钢管壁厚。

根据轴向平衡条件 $A_s \cdot \sigma_z = A_c \cdot \sigma_{cz}$，解得核心混凝土轴向压应力 σ_{cz} 为：

$$\sigma_{cz} = \frac{2t}{r}\sigma_z \tag{3.11}$$

3.4.2.2 GP1 ~ GP2

由前面的分析可知，钢管混凝土中的核心混凝土主要发生自收缩。粘贴于试件 GP1 和 GP2 钢管外表面的环向和轴向应变片测试结果均为负值，即钢管发生收缩。在恒温恒湿的条件下，可以排除钢管由于环境温度降低发生的温度收缩，钢管之所以发生收缩的最可能原因是核心混凝土发生自收缩的同时，由于核心混凝土和钢管壁良好的黏结性能，在黏结力的作用下，造成钢管发生收缩。由图 3.12(a)、(b) 可以看出，GP1 和 GP2 测得的钢管应变与 GP3 ～ GP9 同样在 10d 龄期后趋于稳定，这说明钢管和核心混凝土没有因为核心混凝土的收缩而发生分离，钢管和核心混凝土之间由于黏结力的作用形成了一个整体，所以可以认为钢管和混凝土之间主要受黏结力的作用，钢管受到向内的拉力，而混凝土受到向外的拉力，二者大小相等，方向相反。

因此，在计算钢管和核心混凝土时，同样可以利用式（3.8）～式（3.11）计算。

3.4.3 核心混凝土应力-龄期关系曲线

依据3.4.2中的计算公式进行计算，并绘制图表，得到混凝土应力和龄期关系曲线，如图3.15所示。

GP1应力为负值，说明核心混凝土受到了向外的拉力，主要原因是核心混凝土发生了收缩，由于与钢管内壁良好的黏结，钢管阻止其收缩产生的作用力。

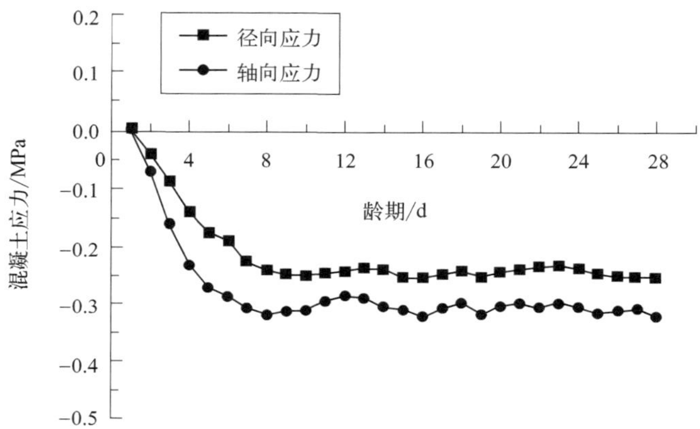

(a) GP1

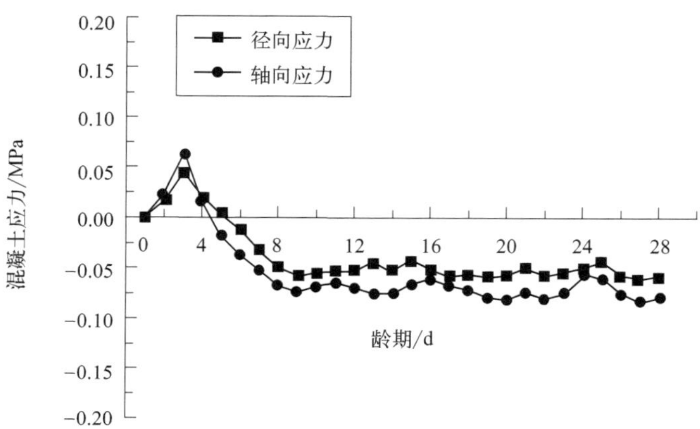

(b) GP2

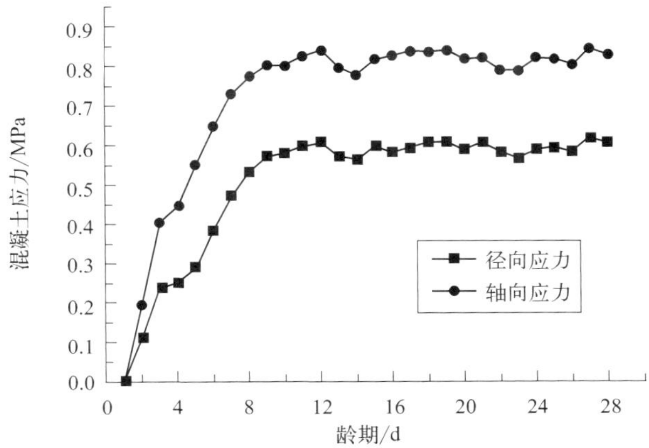

(c) GP3

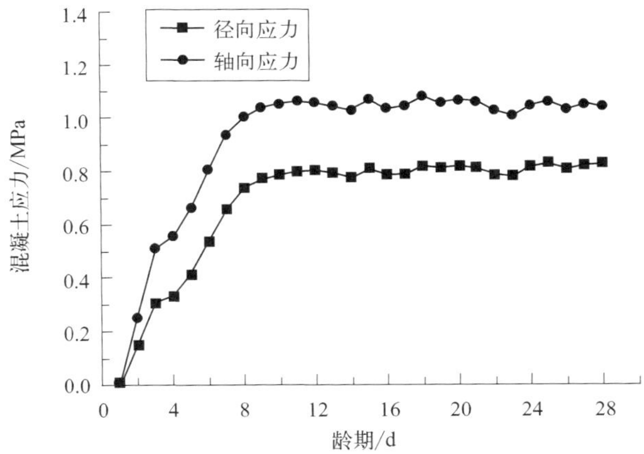

(d) GP4

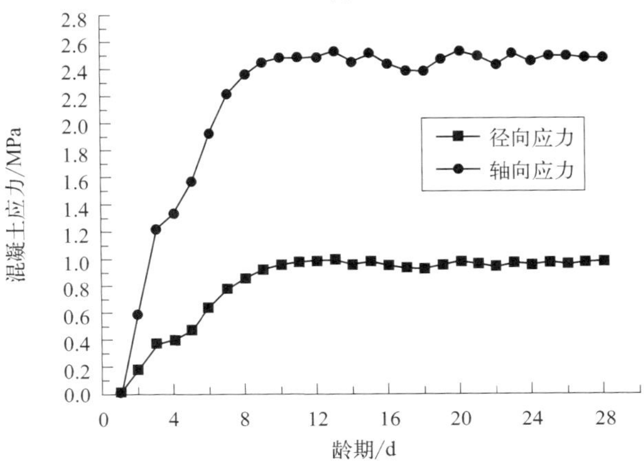

(e) GP5

图 3.15

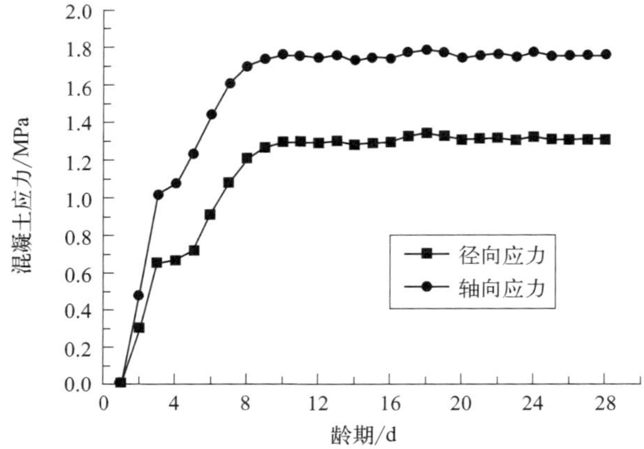

(f) GP6

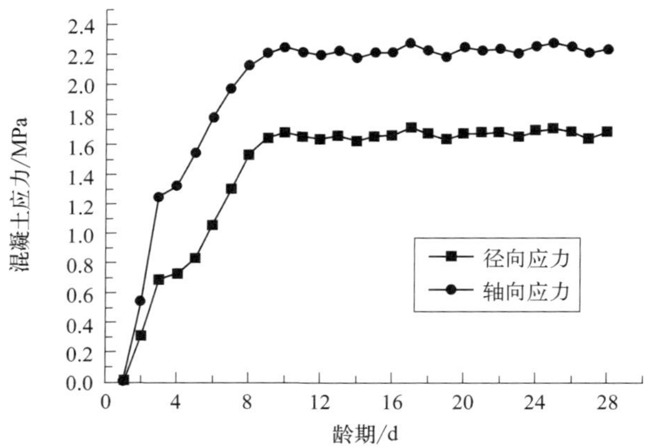

(g) GP7

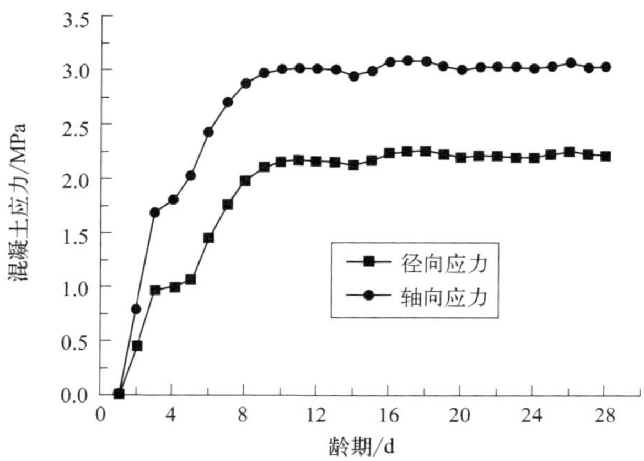

(h) GP8

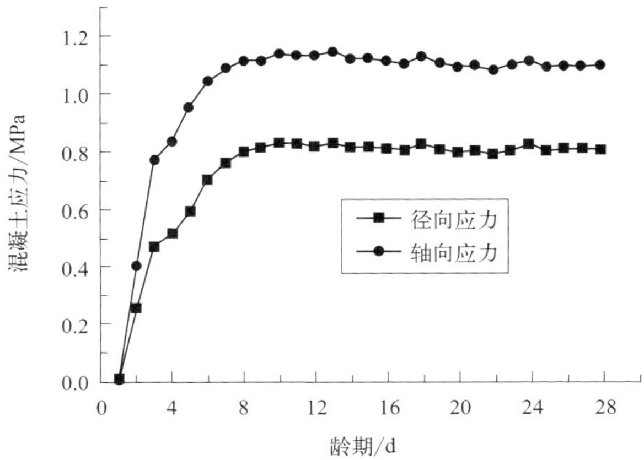

(i) GP9

图 3.15　GP1 ~ GP9 构件核心混凝土应力 - 龄期关系曲线

GP2 在前 3d 应力为正值，此后逐渐减小，变为负值。说明在前 3d 核心混凝土发生了膨胀，由于钢管的约束，表现为压应力。此后膨胀能减小，当小于收缩能时，表现为收缩，应力变为拉应力，表现为负值。

GP3 ~ GP9 的径向应力和轴向应力均表现为正值。说明核心混凝土受到钢管的约束，产生了压应力。

所有构件的轴向应力均大于径向应力，说明在轴向受到的拉力或压力要大于在径向受到的拉力或压力。

3.4.3.1　磨细脱硫渣掺量对核心混凝土应力的影响

图 3.16 展示了磨细脱硫渣掺量对核心混凝土径向和环向应力的影响。

磨细脱硫渣掺量对核心混凝土应力的影响规律与其对前述应变的影响规律基本一致。掺量增大，核心混凝土径向应力和轴向应力随之增大。但轴向应力比径向应力要大，这与前述轴向应变和径向应变的关系规律是不同的。

3.4.3.2　钢管壁厚对核心混凝土应力的影响

由图 3.17 可以看出，随钢管壁厚增大，核心混凝土的径向应力和轴向应力均增大。这是由于壁厚增大，钢管对核心混凝土的约束效应增强，压应力增大。

这与前述应变的影响规律刚好相反。

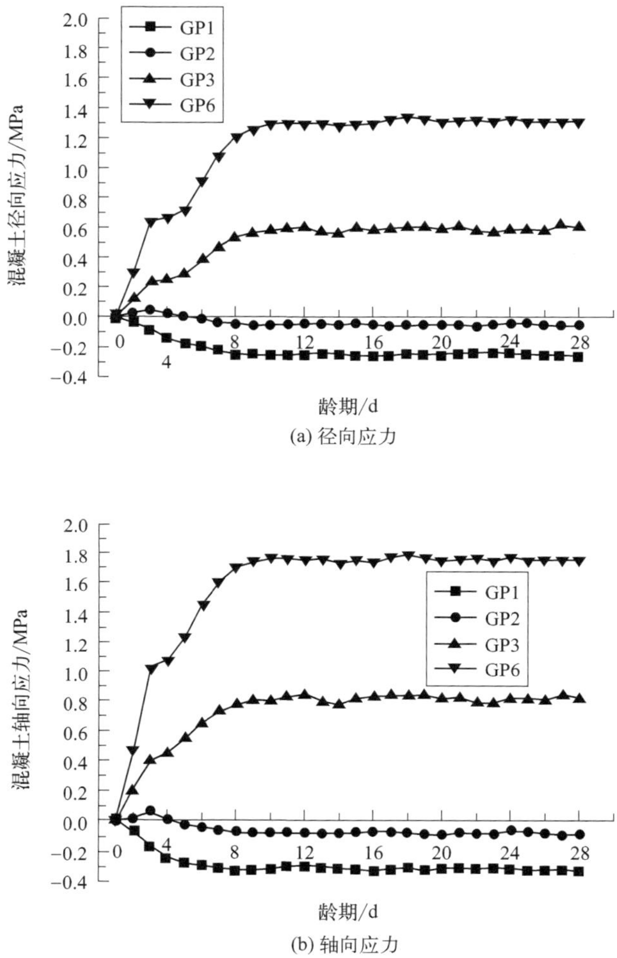

图 3.16　不同磨细脱硫渣掺量的混凝土应力 - 龄期关系曲线

3.4.3.3　水胶比对核心混凝土应力的影响

如图 3.18 所示，水胶比增大，核心混凝土的径向应力和轴向应力随之增大。这是由于水胶比越大，核心混凝土膨胀能越大，钢管对其约束作用越大，产生的应力越大。这与前述应变的影响规律是一致的。

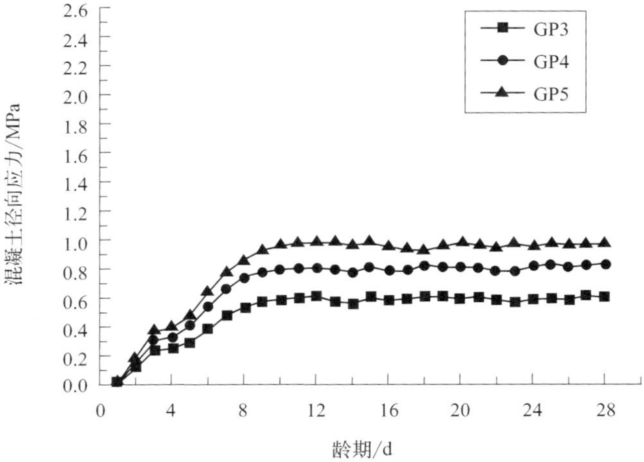

(a) 径向应力

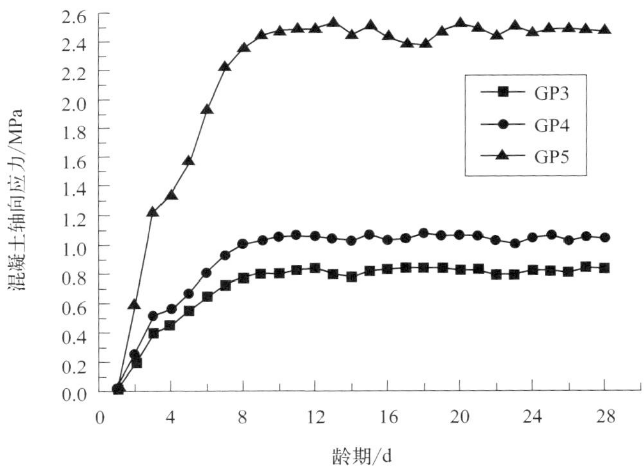

(b) 轴向应力

图 3.17　不同钢管壁厚的混凝土应力 - 龄期关系曲线

3.4.3.4　硫酸钠的掺入对核心混凝土应力的影响

如图 3.19 所示，掺入硫酸钠后，会增大核心混凝土的径向应力和轴向应力，使其产生更大的自应力。

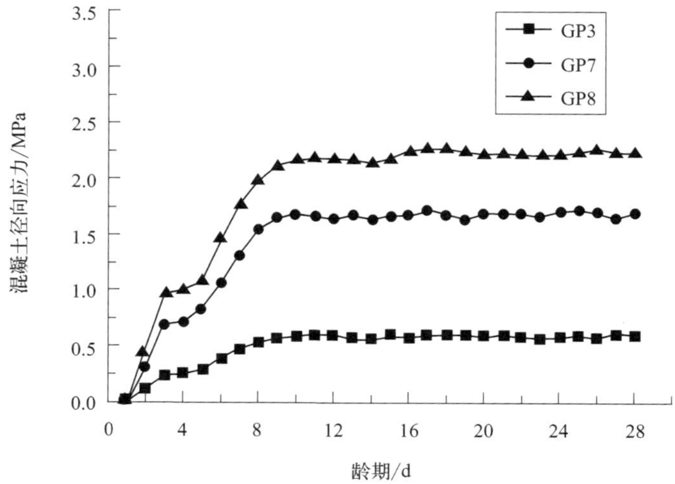

(a) 径向应力

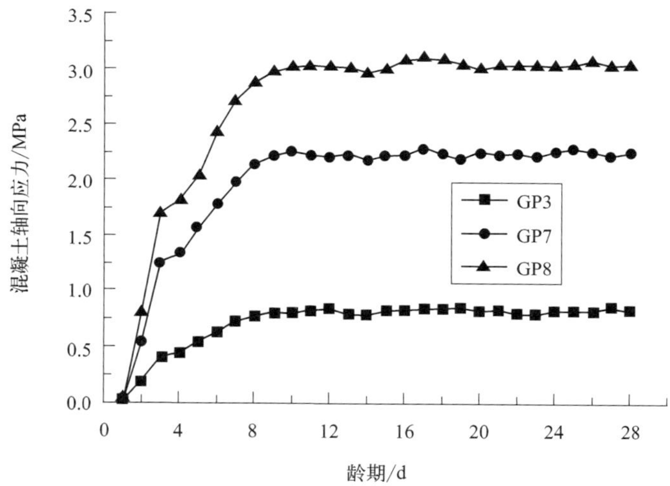

(b) 轴向应力

图 3.18　不同水胶比的混凝土应力 - 龄期关系曲线

3.4.4　核心混凝土 28d 龄期应力分析

钢管混凝土连续测试 28d 后，即进行承载力试验。因此，对于钢管混凝土短柱构件来讲，膨胀性能试验中 28d 测试的应力值即为短柱构件的初始自应力。

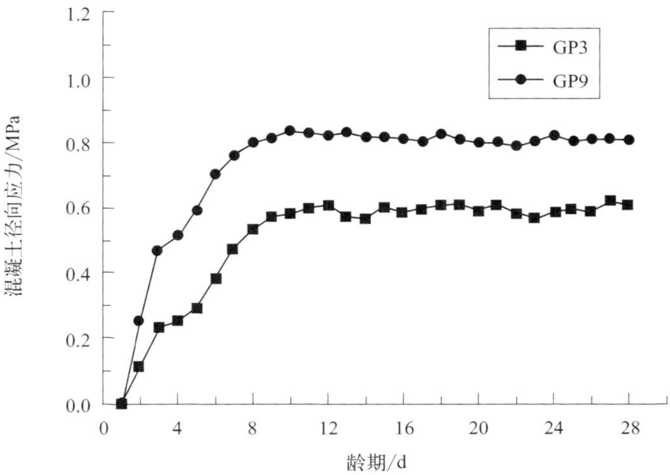

(a) 径向应力

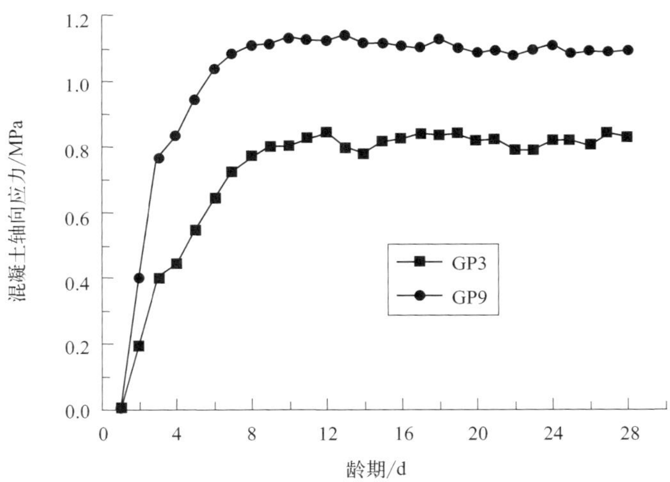

(b) 轴向应力

图 3.19　不同硫酸钠掺量的混凝土应力 - 龄期关系曲线

通过计算，得到 28d 核心混凝土的径向应力和轴向应力，如表 3.9 所示。现对 28d 应力与磨细脱硫渣掺量、钢管壁厚、水胶比的关系进行分析和曲线拟合，以便为任意掺量、壁厚、水胶比下磨细脱硫渣钢管自密实混凝土构件 28d 自应力的计算提供依据和参考。

表 3.9 钢管混凝土试件核心混凝土 28d 应力 单位：MPa

组别	σ_θ	σ_z	q	σ_{cz}
GP1	-6.11	-3.87	-0.25	-0.32
GP2	-1.40	-0.95	-0.06	-0.08
GP3	14.56	9.95	0.61	0.83
GP4	12.94	8.20	0.83	1.05
GP5	11.21	7.12	0.97	2.48
GP6	31.49	21.11	1.31	1.76
GP7	40.47	26.81	1.69	2.23
GP8	53.22	36.39	2.22	3.03
GP9	19.37	13.17	0.81	1.10

3.4.4.1 应力 - 磨细脱硫渣掺量关系曲线

依据磨细脱硫渣掺量为 0、10%、30%、50% 对应的 28d 应力值，绘制图形，并进行曲线拟合，如图 3.20 所示。径向应力和轴向应力 - 掺量对应的拟合曲线均符合三次多项式，其关系式分别为：

（1）径向应力

$$y=-0.2525+1.14917x+8.4x^2-8.9166x^3 \tag{3.12}$$

（2）轴向应力

$$y=-0.3232+1.26833x+12.7x^2-13.833x^3 \tag{3.13}$$

3.4.4.2 应力 - 钢管壁厚关系曲线

依据钢管壁厚为 2mm、3mm、4mm 对应的 28d 应力值，绘制图形，并进行曲线拟合，如图 3.21 所示。对径向应力 - 钢管壁厚关系曲线进行拟合，符合二次多项式；对轴向应力 - 壁厚关系曲线进行拟合，符合霍利迪模型。其关系式分别为：

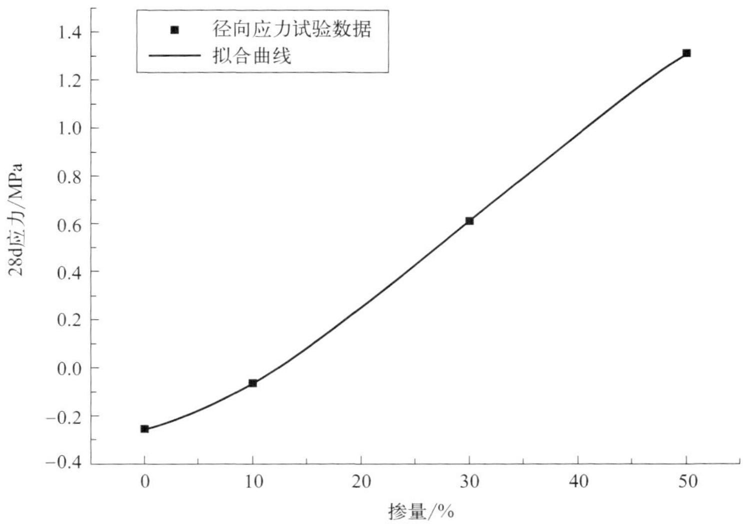

(a) 径向应力

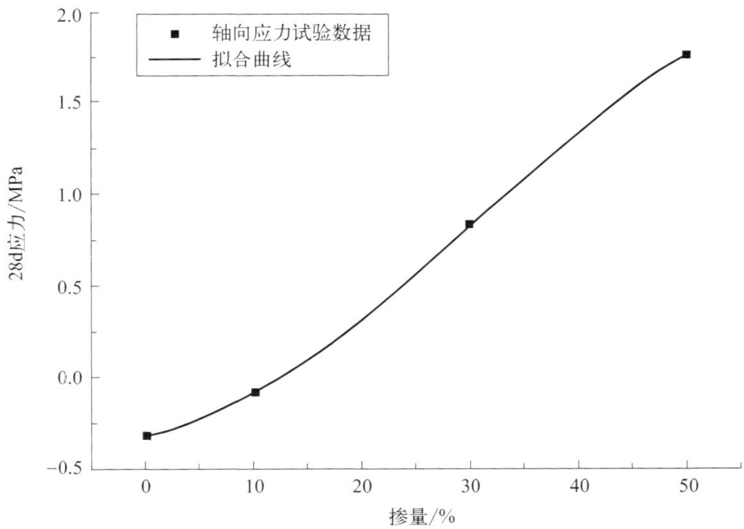

(b) 轴向应力

图 3.20 应力 - 磨细脱硫渣掺量关系拟合曲线

（1）径向应力

$$y=-0.07+0.42x-0.04x^2 \tag{3.14}$$

（2）轴向应力

$$y = 1.2323 / (1.2323 + 0.5971x - 0.181x^2) \quad (3.15)$$

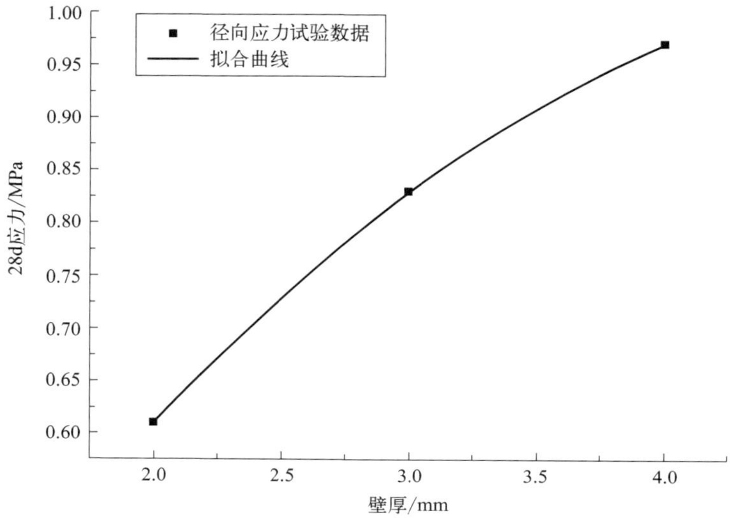

(a) 径向应力

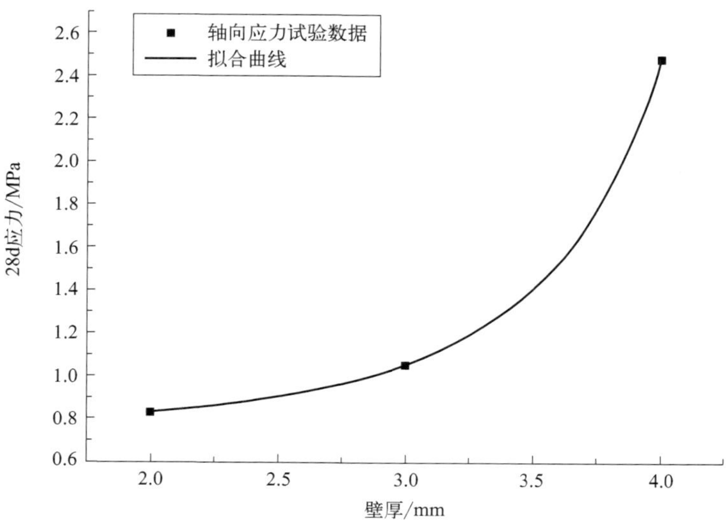

(b) 轴向应力

图 3.21　应力 - 钢管壁厚关系拟合曲线

3.4.4.3 应力 - 水胶比关系曲线

依据水胶比为 0.3、0.34、0.38 对应的 28d 应力值，绘制图形，并进行曲线拟合，如图 3.22 所示。径向应力和轴向应力与水胶比对应的拟合曲线均符合二次多项式，关系式分别为：

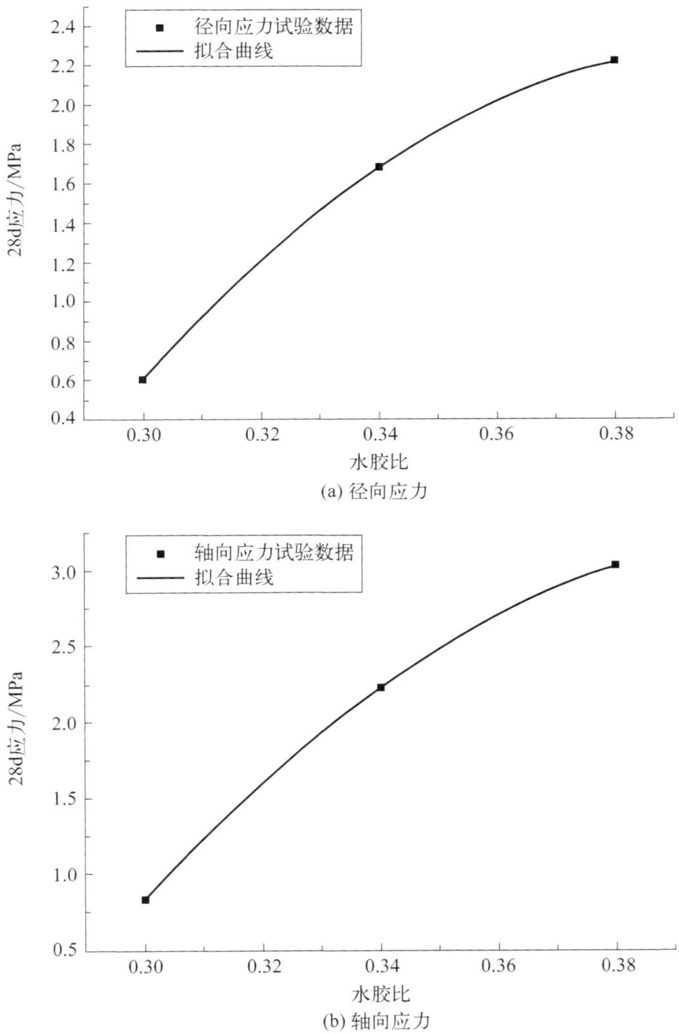

图 3.22 应力 - 水胶比关系拟合曲线

（1）径向应力

$$y = -25.02 + 137x - 171.8x^2 \tag{3.16}$$

（2）轴向应力

$$y = -28.79 + 155x - 187.5x^2 \tag{3.17}$$

3.4.5 钢管约束对核心混凝土结构的影响分析

3.4.5.1 钢管约束对核心混凝土水化产物的影响

图 3.23(a)、(b) 分别是密封养护下混凝土试块的 XRD 图和钢管约束条件下核心混凝土的 XRD 图。钢管约束条件下核心混凝土水化产物与无约束条件下完全相同，生成的水化产物主要有：C-S-H 凝胶、氢氧化钙、石膏、钙矾石，钢管约束作用并没有改变脱硫渣 - 水泥胶凝体系的水化产物。图 3.24 展示了 GP3 试件的微观形貌。

与前述第 2 章胶砂试件不同，混凝土试块中均存在未溶解的硬石膏。此外，还有未水化的硅酸三钙。

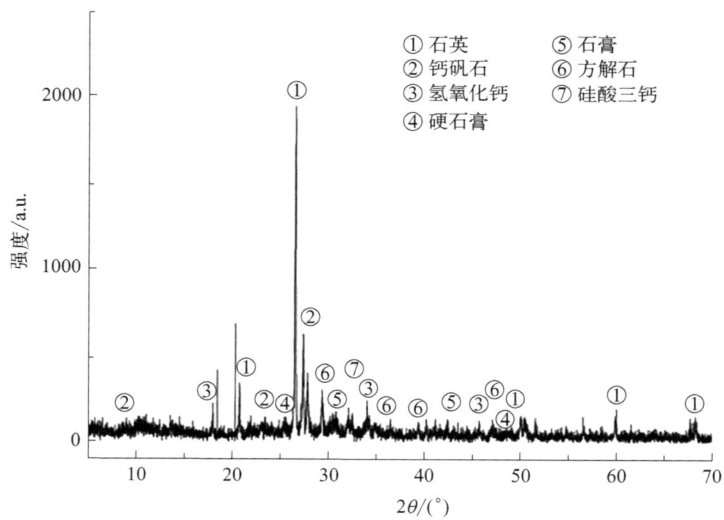

(a) 无约束密封养护混凝土

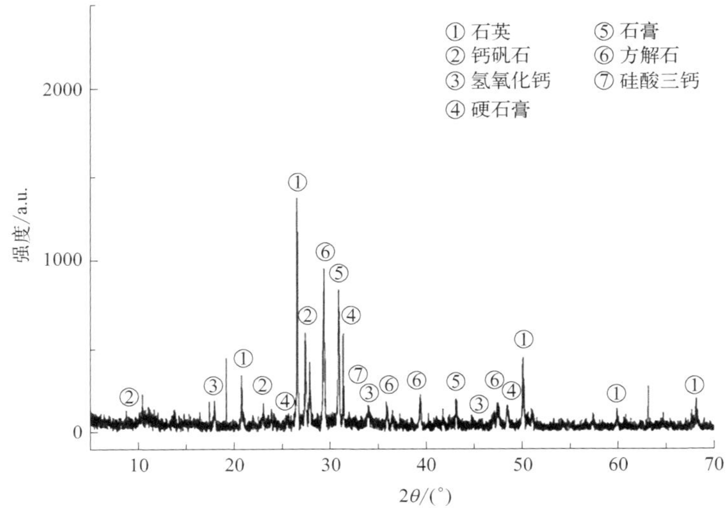

(b) 钢管约束核心混凝土

图 3.23 混凝土 XRD 图

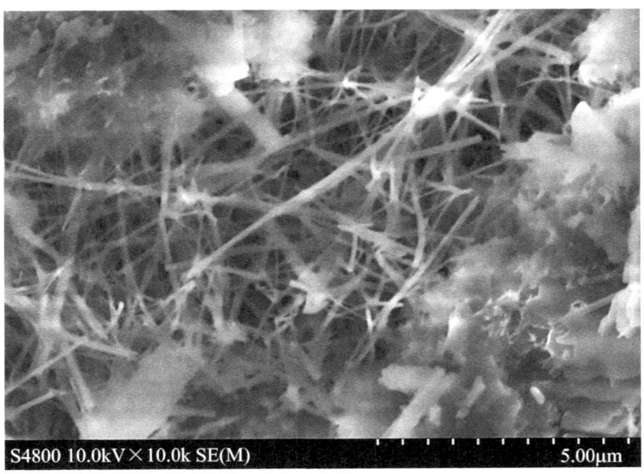

图 3.24 GP3 微观形貌

3.4.5.2 钢管约束对核心混凝土微观结构的影响

如前所述，磨细脱硫渣 - 水泥胶凝体系的主要水化产物有：C-S-H 凝胶、氢氧化钙、石膏、钙矾石等。C-S-H 凝胶是产生强度的主要物质，而氧化钙水化成氢氧化钙、硬石膏溶解为石膏、钙矾石的生成都会产生体积膨胀，是产生膨胀、补偿收缩的主要物质。钢管约束作用下，一方面，与自然养护方式相比，钢管隔绝了核心混凝土水分向外流失的通道，水化反应在密闭的环境中进行；另一方面，当磨细脱硫渣掺量较大时，钢管会限制核心混凝土的自由膨胀，形成约束效应，迫使水化产物向内部膨胀填充内部空隙，形成较为密实的结构。

3.4.5.3 钢管约束对核心混凝土界面结构的影响

混凝土中骨料和水泥石界面结合处是其破坏的薄弱部位，故骨料和水泥石之间的界面结合力会直接影响混凝土的强度。由于水膜和气孔的存在，在界面结合处容易形成局部疏松结构，也会留下较多的孔隙和微裂纹。在加荷时，由于骨料和水泥石弹性模量不同，导致变形不协调，在界面处容易形成局部应力集中区，从而导致混凝土破坏。因此，改善水泥石和骨料间的界面结构是提高混凝土强度的重要途径。

依据不同的作用方式，骨料和水泥石之间的界面效应可以分为物理效应、物理化学效应和机械结合效应三种。物理效应在三种界面效应中最小，它假设骨料和水泥石之间不发生化学反应，界面结合强度完全取决于材料之间的范德华力。物理化学效应是混凝土界面结合中最有效的联结方式，在界面处除范德华力之外，骨料和水泥石之间还发生化学反应，形成化学键力。但这种方式在产生化学结合力的同时，往往会引起界面处化学反应物质的体积膨胀，从而降低和破坏联结效应。机械结合效应是指水泥石和骨料不发生化学反应，但水泥石渗透到粗糙多孔的骨料表面产生的咬合效应，这种效应会产生很高的界面强度。一般情况下，物理效应、物理化学效应和机械结合效应会同时存在。情况不同，起主要作用的界面效应也会有所不同。

磨细脱硫渣 - 水泥胶凝体系在水化时会产生体积膨胀，在限制状态下水化反应膜层不能自由发展，从而限制了晶体的自由生长。其他水化产物在和骨料表面直接接触后，可以有效提高骨料和水泥浆之间的联结强度，所以限制作用会增大物理化学界面效应。在自由膨胀情况下，很难有水化产物能够渗透到骨料粗糙的表面孔隙中。在钢管三向约束状态下，由于膨胀应力的存在，加大了水化产物向骨料孔隙的渗透作用，使水化产物与骨料紧密接触，使机械结合效应得到大大加强。因此，磨细脱硫渣自密实混凝土在钢管三向约束状态下，其水泥石 - 骨料的界面效应能够得到改善和提高，可以预见其抗压强度及钢管混凝土承载力会得到提升。

3.4.5.4 钢管约束对核心混凝土孔结构的影响

水是水泥水化的必要条件，水泥水化所需水分含量大约是其质量的 25%。在自然条件或干燥条件下，混凝土会发生干燥收缩。这是由于水化后多余水分蒸发，导致水泥石中形成很多小孔以及凝胶孔等各种微细孔。混凝土内部孔结构会直接影响其强度、抗冻性、抗渗性、耐腐蚀性等。

在钢管约束密闭状态下，一方面，多余的水分不会向外流失，因而混凝土不会发生干燥收缩；另一方面，由于钢管限制了水化产物特别是膨胀产物的向外扩张，迫使其向内填充内部孔隙，因而水化产物对内部孔隙的填充率比自由状态下混凝土要高。因此，钢管限制作用可以显著减小孔隙率和改善孔级配。

3.5 微观分析

3.5.1 XRD 分析

通过对比 3 种不同约束条件下（30% 磨细脱硫渣掺量）的 XRD 图，对其水化产物进行分析，发现其水化产物基本一致，如图 3.25 所示。自由状态和单向限制状态下，各种矿物衍射强度差异不明显；与自由状态和单向限制状态相比，钢管约束状态下，其硬石膏、石膏的衍射强度要强很多，硬石膏、石膏含量较高。说明在钢管约束状态下，由于约束力的存在，更多的硬石膏无法溶解，溶解后的石膏不能进一步生成钙矾石。因而，其膨胀力会减弱。

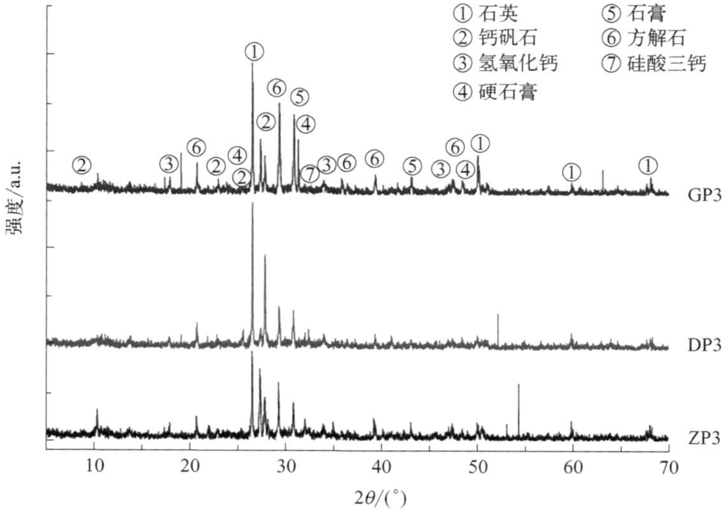

图 3.25　脱硫渣自密实混凝土在不同约束条件下的 120d 龄期 XRD 对比图

3.5.2 SEM 分析

对 30% 磨细脱硫渣自密实混凝土浇筑的自由膨胀试件、单向限制试件和钢管约束试件进行电镜扫描，放大 1000 倍微观形貌如图 3.26 所示。

可以看出，图 3.26(a) ~ (c) 密实程度越来越高，主要是约束作用的存在，迫使水化产物向内部孔隙迁移，使其填充密实的结果。

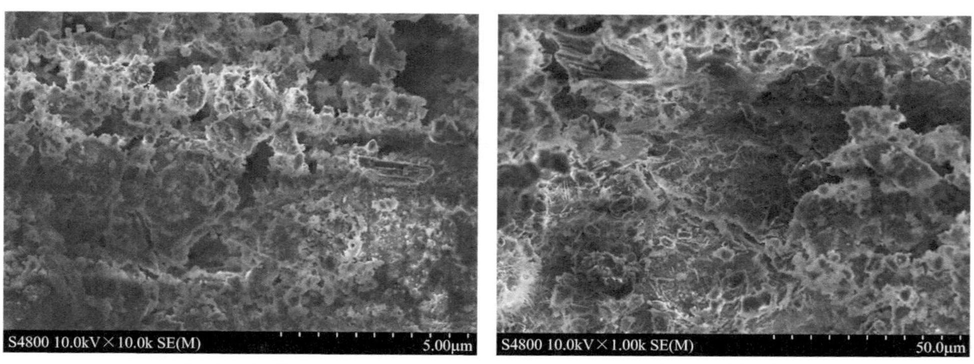

(a) 自由状态　　(b) 单向限制状态

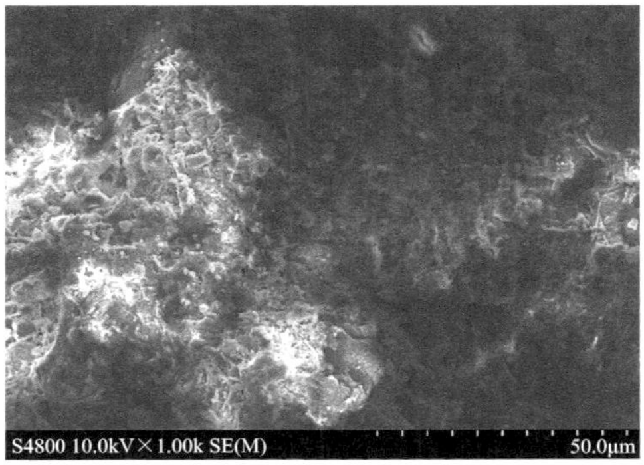

(c) 钢管约束状态

图 3.26 不同约束条件下的混凝土微观形貌对比图

3.6 钢管约束状态下变形过程有限元模拟

作为一种可靠的数值分析方法，有限元法在近半个世纪以来被广泛应用于工程实际中，帮助工程人员解决了许多复杂和难以解决的问题，在工程研究、设计和监测方面发挥了重要作用。目前在土木建筑工程中，应用较为广泛的通用有限元程序主要有 ANASYS、ABAQUS、SAP 和 ADINA 等。ABAQUS 是国际上应用最广泛的有限元分析软件之一，拥有强大的计算功能和可靠的模拟性能，系统囊括了大量不同类型的单元模型、材料模型以及分析过程等。ABAQUS`计算分析的适用性很强，既可以分析简单的线弹性问题，也可以分析不同材料或不同接触条件下的非线性问题。采用 ABAQUS 有限元软件模拟钢管混凝土的受力和变形过程，可以实现对钢管混凝土受力和变形作用机理的深入挖掘。

在利用 ABAQUS 进行钢管混凝土有限元分析时，需要建立材料的本构关系模型、选取钢管和核心混凝土单元类型、划分有限元单元、建立钢管与核心混凝土界面模型、设定边界条件和设定有限元求解算法等。本小节主要利用

ABAQUS 软件模拟脱硫渣钢管自密实混凝土体积变形过程，并进行模拟结果和测试结果的对比分析。

3.6.1 材料的本构关系

利用 ABAQUS 强大的非线性功能，对于脱硫渣混凝土采用损伤塑形模型，以应力 - 应变的关系，建立材料之间的力学关系，同时为了第 6 章中荷载 - 变形关系的分析，在本章中建立了材料的本构关系。

3.6.1.1 钢材的本构关系

本试验采用的是 Q235 低碳钢，这种钢材的单向应力 - 应变关系曲线可分为 5 个阶段，即：弹性阶段、弹塑性阶段、塑性阶段、强化阶段和二次塑流阶段。在进行理论分析时常将钢材的应力 - 应变关系曲线简化，简化后的本构关系模型可以分为：双直线模型、三折线模型、双斜线模型和双斜线加曲线模型共 4 种模型。本书采用三折线模型作为钢材的应力 - 应变关系曲线。这种模型对于流幅较长的 Q235 低碳软钢较为适用，可以很好地反映这种钢材的变形性能。

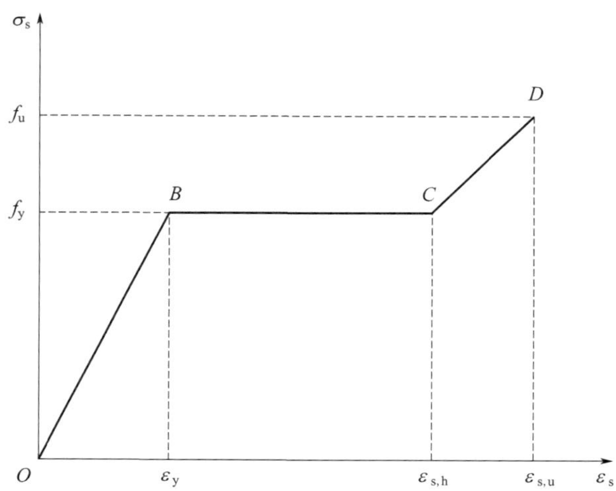

图 3.27 钢材的应力 - 应变关系

f_y—屈服应力；f_u—极限应力；ε_y—屈服应变；$\varepsilon_{s,h}$—屈服阶段结束时的应变；$\varepsilon_{s,u}$—极限应变

如图 3.27 所示，关系曲线由三个直线段组成，*OB* 段为弹性阶段，*BC* 段为弹塑性阶段，*CD* 段为强化阶段。钢材的本构关系可用式（3.18）表示。

$$\sigma_s=\begin{cases}E_s\varepsilon_s & ,\varepsilon_s\leqslant\varepsilon_y\\ f_y & ,\varepsilon_y\leqslant\varepsilon_s\leqslant\varepsilon_{s,h}\\ f_y+E_s'(\varepsilon_s-\varepsilon_{s,h}) & ,\varepsilon_{s,h}\leqslant\varepsilon_s\leqslant\varepsilon_{s,u}\end{cases} \tag{3.18}$$

初始弹性模量 E_s 和屈服应力 f_y 由试验实测值确定，$E_s=1.94\times10^5\text{N/mm}^2$，$f_y$ =243N/mm²；强化阶段中斜率 $E_s'=(f_u-f_y)/(\varepsilon_{s,u}-\varepsilon_{s,h})$。

3.6.1.2　混凝土模型参数

脱硫渣自密实混凝土的膨胀性是脱硫渣水化后所产生的特性，主要由化学反应引起。而对于模拟仿真来说，对混凝土的这种膨胀性，可以通过热膨胀来模拟，其虽然原理不同，但是力学模型基本一致，即同样地造成了膨胀的效果，而当核心混凝土发生膨胀时，钢管即对其形成约束力。对核心混凝土采用相对升温法进行有限元模拟，即让核心混凝土升温，产生热膨胀应力，当钢管壁上形成的应力与试验测试值相等时，此时的温升值作为模拟结果。

国外 Lie 和 Chaobt 经过研究拟合出混凝土热膨胀系数 α_c 和温度 T 的关系如下：

$$\alpha_c=(0.008T+6)\times10^{-6}[\text{m}/(\text{m}\cdot℃)] \tag{3.19}$$

我国规范中混凝土的膨胀系数计算如下：

$$\alpha_c=10\times10^{-6}[\text{m}/(\text{m}\cdot℃)] \tag{3.20}$$

3.6.2　参数及相关设置

利用 ABAQUS 进行模拟时，采用的是国际标准单位。钢管与核心混凝土采用的是八节点缩减积分格式的三维实体单元（C3D8R）。钢材的弹性模量按表

3.1 取值，泊松比取 0.3，脱硫渣自密实混凝土的弹性模量依据《混凝土结构设计规范》（GB 50010—2010）中表 4.1.5 选取，泊松比取 0.2。混凝土模型用的是混凝土塑形损伤模型，参数取值如下：膨胀角取 30°，流动偏心率取 0.1，混凝土双轴抗压强度与单轴抗压强度的比值取 1.16，拉压子午线上的第二应力不变值为 0.6667，黏性系数为 0.0005，热膨胀系数取自国家规范，即 $\alpha_c = 10\times10^{-6}$[m / (m • ℃)]。钢管与脱硫渣的切向接触用罚函数定义，摩擦因数取 0.6，法向采取硬接触。

钢材在网格划分时，在 Element 选项中选择 HEX，Technique 中用 sweep 进行划分，选中 Algorithm，点选 Medial axis。而核心混凝土同样采取映射划分，但是在 Element 选项中选择 Hex-dominated。单元划分界面如图 3.28 所示。

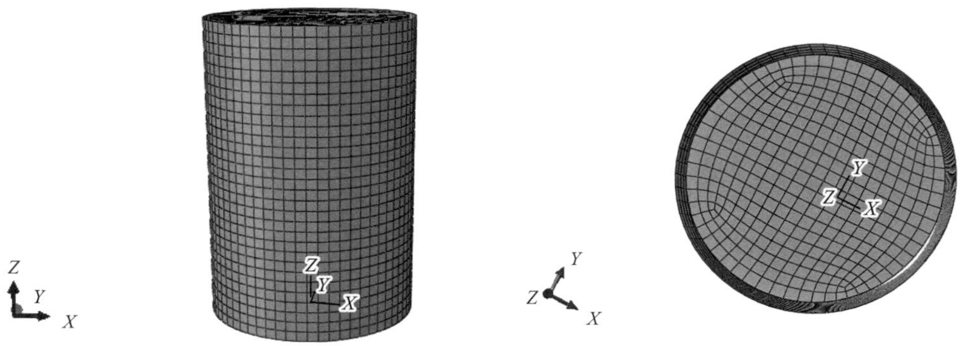

图 3.28　单元划分

在所有混凝土实体单元上加载等效温度场，同时，在上表面对 z 方向进行约束，来模拟上盖板。

3.6.3　模拟结果

对 GP1 ～ GP9 利用 ABAQUS 有限元软件，建立温度膨胀模型，通过模拟得到各个构件对应的温度值如表 3.10 所示，钢管环向应力模拟值与试验值对比如表 3.11 所示。

表 3.10 相对温度值模拟结果 单位：℃

编号	GP1	GP2	GP3	GP4	GP5	GP6	GP7	GP8	GP9
模拟温度	-0.62	-0.16	1.53	1.44	1.26	3.16	4.41	6.07	2.10

表 3.11 28d 钢管环向应力模拟值与试验值对比 单位：MPa

编号	GP1	GP2	GP3	GP4	GP5	GP6	GP7	GP8	GP9
模拟值	-0.51	-0.09	1.64	1.58	1.31	3.28	4.47	6.32	2.22
试验值	-0.62	-0.16	1.53	1.44	1.26	3.16	4.41	6.07	2.10

由模拟结果可以看出，模拟值普遍较试验值偏大，可能原因是：①试验中，钢管混凝土构件浇筑后，静置 24h 后加封盖板，期间由于水分流失会引起混凝土塑性收缩。而在有限元模拟中，没有考虑这部分收缩。②对于本试验中的钢管混凝土构件，虽然龄期较短，仅 28d，但仍然会有徐变发生，而在模拟中是没有考虑的。③依据《混凝土结构设计规范》（GB 50010—2010）取用的混凝土弹性模量和混凝土实际弹性模量不一致。

3.7 本章小结

本章主要对磨细脱硫渣自密实混凝土的工作性能和力学性能，自由状态、单向限制状态和钢管约束状态下混凝土的膨胀性能进行了研究，并进行了微观分析，对钢管约束状态下混凝土变形过程进行了有限元模拟。主要结论如下：

① 对于新拌脱硫渣自密实混凝土，磨细脱硫渣掺量增大，坍落扩展度减小；水胶比增大，坍落扩展度增大；掺入 1.5% 的硫酸钠对坍落扩展度没有影响。对于硬化脱硫渣自密实混凝土，与未掺磨细脱硫渣的基准混凝土相比，掺入磨细脱硫渣的自密实混凝土早期抗压强度和后期抗压强度均有所下降；30% 掺量抗压强度下降幅度最小，其次是 10% 掺量，50% 掺量下降幅度最大；在 30% 掺量

基础上，添加 1.5% 的硫酸钠，混凝土 28d 抗压强度值与基准混凝土持平，3d 抗压强度甚至超过了基准混凝土。

② 自由膨胀试件的膨胀发展可以划分为快速释放期、缓慢增长期和膨胀稳定期 3 个阶段。对自由膨胀率 - 掺量进行曲线拟合，符合三次多项式。当磨细脱硫渣掺量达到 13% 时，自密实混凝土由收缩转为膨胀。对单向限制膨胀试件进行自应力计算，50% 磨细脱硫渣掺量的 SCC4 达到了补偿收缩混凝土的自应力标准，SCC3 和 SCC5 自应力较小，为微膨胀混凝土。

③ 钢管约束试件的膨胀发展可以划分为增长期和稳定期两个阶段。磨细脱硫渣掺量、钢管壁厚、水胶比和硫酸钠对钢管应变及核心混凝土应力的影响是：磨细脱硫渣掺量越大，应变越大，应力越大；钢管壁厚越大，应变越小，应力越大；水胶比越大，应变越大，应力越大；掺入硫酸钠会增大钢管应变和核心混凝土应力。

④ 3 种约束条件下的水化产物一致，均为 C-S-H 凝胶、氢氧化钙、石膏、钙矾石，XRD 测试中发现均存在未溶解的硬石膏和未水化的硅酸三钙。SEM 图片显示，钢管约束状态下混凝土的密实程度最高，单向限制状态下混凝土的密实程度次之，自由状态下混凝土的密实程度最低。

⑤ 运用 ABAQUS 有限元软件，采用温升模型可以模拟核心混凝土膨胀产生的变形，但模拟值较试验值普遍偏高。

4 CFB 灰渣高性能混凝土力学性能研究

混凝土自出现以来便因其优良的性能而备受关注，成为建筑行业使用最广的材料之一。高性能混凝土作为混凝土发展的新阶段，越来越受到各方青睐。许多重要建筑物均采用高性能混凝土，而矿物掺合料作为高性能混凝土制备过程中不可缺少的原材料之一，已逐渐成为建材领域研究的重点，粉煤灰、硅灰、矿渣等是最常见的矿物掺合料，已逐渐得到推广。粉煤灰作为火电厂排放量最多的固体排放物之一，经过多年的深入研究，其物理化学性能的研究已较为深入，利用领域已逐步扩大，在水泥混凝土等建材行业，国家已出台相应的规范来指导粉煤灰的利用。而 CFB 脱硫灰渣作为一种近年来大量堆积的新型固体废弃物，其基本性质仍处于研究阶段，当前仍未出台相应的规范来指导脱硫灰渣的使用。

相关研究发现，脱硫灰渣的矿物成分与粉煤灰有相似之处，脱硫灰渣组成中不仅含有大量活性 SiO_2 和 Al_2O_3，还含有一定量的游离 CaO 和Ⅱ-$CaSO_4$，因此脱硫灰渣依靠自身组成即可进行火山灰反应，同时具有明显的自硬性，这使得其在建筑材料中的使用成为可能。本试验分别使用脱硫灰、磨细脱硫渣等量替代粉煤灰与硅灰作复掺，以制备出高性能混凝土，并对比脱硫灰、脱硫渣与粉煤灰高性能混凝土性能的差异。

4.1 原材料性质及测试方法

4.1.1 原材料及主要性质

4.1.1.1 水泥

试验用水泥为 P·O 42.5R 水泥，硅酸盐水泥来自智海集团有限公司，密度为 3.100g/cm^3，比表面积为 357m^2/kg，水泥的主要化学成分及物理性能分别如表 4.1 和表 4.2 所示。

表 4.1 硅酸盐水泥的化学成分

CaO	SiO_2	Al_2O_3	Fe_2O_3	MgO	SO_3	K_2O	TiO_2	Na_2O	MnO	P_2O_5
65.88	20.84	4.14	3.35	1.89	2.80	0.60	0.18	0.11	0.09	0.08

表 4.2 硅酸盐水泥的物理性能

比表面积 /（m^2/kg）	标准稠度需水量 /%	安定性	凝结时间 /min		抗折强度 /MPa			抗压强度 /MPa		
			初凝	终凝	3d	7d	28d	3d	7d	28d
357	24.6	合格	217	241	5.5	7.0	8.7	26.1	29.6	50.33

4.1.1.2 矿物掺合料

（1）脱硫灰、脱硫渣和粉煤灰

CFB 脱硫灰渣为本试验的主要研究对象，脱硫灰渣的性能受煤质的影响较为突出，本项目主要研究煤矸石脱硫灰渣，材料取自山西平朔煤矸石电厂。本次试验用脱硫灰由原状灰过 80μm 方孔筛制得，试验用脱硫渣采用原渣经球磨机粉磨 39min 后过 80μm 方孔筛得到的磨细脱硫渣，试验用粉煤灰为太原第二热电厂排出的普通Ⅱ级粉煤灰原状灰。

① 外观。

脱硫灰呈现灰白色，细粉状，较为蓬松。脱硫渣原渣多为黑色与灰色疏松块状物组成，而磨细脱硫渣则呈现出灰黑色，颜色要比脱硫灰的更深。而粉煤灰也呈灰色，颜色较脱硫灰的更深，明显比磨细脱硫渣的更浅，为粉状，较脱硫灰更粗。脱硫灰、脱硫渣原渣、磨细脱硫渣及粉煤灰实物如图 4.1 所示。

② 化学组成。

脱硫灰、渣及粉煤灰的化学组成如表 4.3 所示。虽然脱硫灰、渣在循环流化床炉内停留的时间有差别，但其化学组成相差不大。脱硫灰、渣的 CaO 及 SO_3 含量要远高于粉煤灰，SiO_2 含量略低于粉煤灰。

③ 物理性能。

试验用脱硫灰、渣及粉煤灰的密度及比表面积如表 4.4 所示。

(a) 脱硫灰

(b) 脱硫渣原渣

(c) 磨细脱硫渣

(d) 粉煤灰

图 4.1　脱硫灰、渣及粉煤灰实物图

表 4.3　试验用脱硫灰、渣和粉煤灰的化学组成　　单位：%

试样	SiO_2	Al_2O_3	Fe_2O_3	CaO	SO_3	MgO	K_2O
脱硫灰	37.78	32.76	5.42	10.19	4.35	1.93	0.98
脱硫渣	40.29	32.11	3.77	10.27	3.89	1.43	1.05
粉煤灰	47.50	30.37	3.97	5.83	0.93	0.48	0.69

表 4.4　试验用脱硫灰、渣和粉煤灰的密度及比表面积

试样	密度 / (kg/m^3)	比表面积 / (m^2/kg)
脱硫灰	2440	403
脱硫渣	2390	391
粉煤灰	2330	361

④ 微观形貌。

图 4.2 分别为脱硫灰、磨细脱硫渣及粉煤灰的扫描电镜（SEM）图，从图中可以看到，脱硫灰颗粒不规则，表面较为蓬松，团聚现象较为明显；粉磨后的脱硫渣粒径小了很多，但仍能看到不规则的块状物，整体较为蓬松；粉煤灰颗粒为规则的球状，表面光滑，致密。

(a) 脱硫灰

(b) 磨细脱硫渣

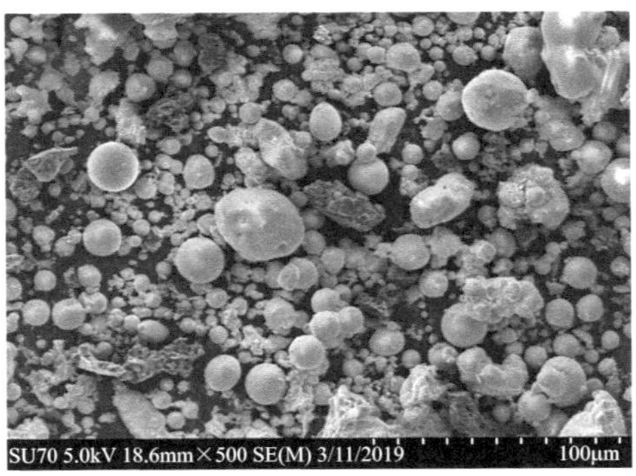

(c) 粉煤灰

图 4.2　脱硫灰渣及粉煤灰的扫描电镜照片

⑤ 膨胀性。

本课题组前期研究表明，脱硫灰及水泥净浆采用雷氏法及试饼法均符合安定性要求。

（2）硅灰

试验用硅灰来自四川朗天硅灰生产厂，堆积密度为 600kg/m^3，平均颗粒粒径为 0.15μm，45μm 筛余量小于 5%。其主要技术指标如表 4.5 所示。

表 4.5 硅灰主要技术指标

SiO_2 含量 /%	氯离子 /%	需水量比 /%	比表面积 /（m^2/kg）	活性指数 /%	总碱量 /%
95.00	0.012	113	23700	122	0.23

4.1.1.3 细集料

细集料为河砂，细度模数为 2.8，中砂。表观密度为 2.65g/cm^3，堆积密度为 1.47g/cm^3，含泥量 1.3%。

4.1.1.4 粗集料

粗集料为 5 ～ 20mm 连续级配的碎石，表观密度为 2.79g/cm^3，堆积密度为 1.51g/cm^3。

4.1.1.5 外加剂

外加剂采用聚羟酸高效减水剂，由太原市砼高效减水剂厂生产，减水率为 34%。

4.1.1.6 水

采用自来水。

4.1.2 测试方法

4.1.2.1 基本物理化学性质

（1）密度

依据《水泥密度测定方法》（GB/T 208—2014）进行测试。

（2）比表面积

依据《水泥比表面积测定方法 勃氏法》（GB/T 8074—2008）进行测试。

（3）化学组成

依据《水泥化学分析方法》（GB/T 176—2017）进行测试。

4.1.2.2 微观特性

采用扫描电子显微镜（SEM）进行测试，仪器采用日立 SU-70 扫描电镜。

4.1.2.3 混凝土抗压强度

依据《普通混凝土力学性能试验方法标准》（GB/T 50081—2002）进行，本试验采用规格为 100mm×100mm×100mm 的立方体试件，每一组制作 9 块，分别用来测试 3d、28d、90d 强度。混凝土使用 HJW30 型 - 60 型混凝土搅拌机进行制备，装料过程中采用钢铲插捣后抹平，不使用振动台。试件成型后放入温度（20±2）℃，相对湿度 95% 以上的标准养护箱，1d 后取出拆模，拆模后放入（20±3）℃的水中进行养护，到规定龄期后取出，采用 TYB-2000B 型压力机测试其抗压强度值，而后乘以 0.95 的换算系数得到抗压强度标准值。

4.2 配合比设计

矿物掺合料是高性能混凝土的重要组成部分，很多学者对其进行了深入研究，研究表明，单独掺入一种矿物掺合料虽能改善混凝土的性能，但却极为有限，多种矿物掺合料复掺将成为一种趋势。故本试验采用粉煤灰、脱硫灰、脱硫渣与硅灰复掺来制备高性能混凝土。

《高性能混凝土应用技术指南》中提出，在高性能混凝土中矿物掺合料掺量宜控制在 25% ～ 40%，粉煤灰掺量不宜大于 40%，硅灰掺量不宜大于 10%；本试验采用硅灰与粉煤灰复掺，依据规范的相关要求，本试验粉煤灰掺量采用 10%、20%、30%。脱硫灰、渣掺量与粉煤灰一致，硅灰采用固定掺量。本试验先通过一组验证性试验确定硅灰的最佳掺量。验证性试验硅灰掺量采用 5%、

9%、13%，粉煤灰掺量采用30%，其抗压强度试验值如表4.6所示。

表4.6 不同硅灰掺量下混凝土的抗压强度

试件编号	粉煤灰	硅灰	水泥	减水剂	抗压强度/MPa		
					3d	28d	90d
Y1	30%	5%	65%	1.2%	35.8	68.3	73.6
Y2	30%	9%	61%	1.4%	39.7	70.2	75.3
Y3	30%	13%	57%	1.6%	39.3	69.1	74.9

由表4.6可知，随着硅灰掺量的增加，3d、28d、90d混凝土抗压强度呈现先增大后减小的趋势，其中硅灰掺量为9%时混凝土抗压强度最大，故本试验硅灰掺量确定为9%。

本试验配合比设计参照《高性能混凝土应用技术指南》进行，工作性能参照《自密实混凝土应用技术规程》（JGJ/T 283—2012），根据自密实混凝土指标性能中填充性要求，高性能混凝土采用性能等级为SF1等级的要求进行，即满足从顶部浇筑的无配筋或配筋较少的混凝土结构物的要求。本试验严格控制坍落扩展度范围在550～655mm。混凝土制备过程如图4.3所示，试验配合比如表4.7所示。

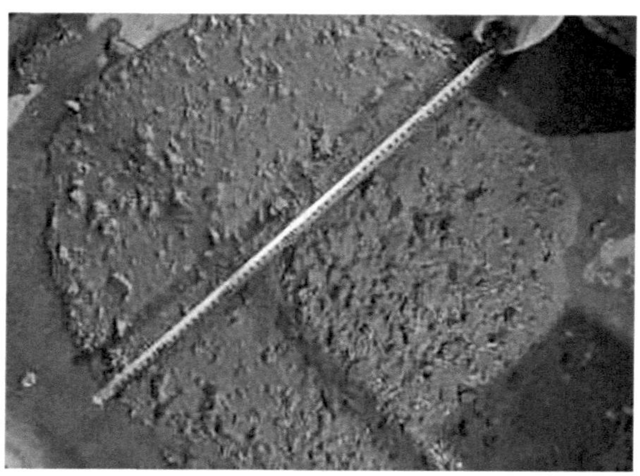

图4.3 混凝土制备过程

表 4.7　试验配合比　　单位：kg/m^3

试件编号	石子	砂	水泥	粉煤灰	脱硫灰	脱硫渣	硅灰	水	减水剂
S1	890.0	790.0	453.17	55.90	0	0	50.35	167.84	6.15
S2	890.0	790.0	391.09	110.17	0	0	49.57	165.25	6.61
S3	890.0	790.0	330.9	162.74	0	0	48.82	162.74	7.63
S4	890.0	790.0	455.66	0	56.25	0	50.60	168.76	5.63
S5	890.0	790.0	395.3	0	111.36	0	50.11	167.04	7.24
S6	890.0	790.0	336.23	0	165.36	0	49.61	165.36	8.26
S7	890.0	790.0	453.89	0	0	56.04	50.43	168.11	5.70
S8	890.0	790.0	392.32	0	0	110.51	49.73	165.77	6.63
S9	890.0	790.0	332.43	0	0	163.49	49.05	163.49	9.81

4.3　试验结果及分析

S1 ～ S9 试件的抗压强度值如表 4.8 所示，由表可知，S1 ～ S9 试件 28d 抗压强度均可达到 C60 等级，均属高强混凝土。S1 ～ S9 试件 3d 强度基本均达到了 C40 级别，脱硫灰与脱硫渣部分掺量试件 3d 强度可达 C50 级别；28d 强度除脱硫灰掺量为 10%、30% 试件外，强度均达到了 C70 级别；脱硫灰与脱硫渣部分试件 90d 强度可达 C80 级别。

表 4.8　混凝土抗压强度

编号	粉煤灰掺量 /%	脱硫灰掺量 /%	脱硫渣掺量 /%	硅灰掺量 /%	减水剂掺量 /%	坍落扩展度 /mm	抗压强度 /MPa		
							3d	28d	90d
S1	10	0	0	9	1.1	630	49	77.1	78.2

续表

编号	粉煤灰掺量 /%	脱硫灰掺量 /%	脱硫渣掺量 /%	硅灰掺量 /%	减水剂掺量 /%	坍落扩展度 /mm	抗压强度 /MPa		
							3d	28d	90d
S2	20	0	0	9	1.2	605	43.8	72.5	76.3
S3	30	0	0	9	1.4	628	39.7	70.2	75.3
S4	0	10	0	9	1.0	649	49.3	69	82.2
S5	0	20	0	9	1.3	610	56	75	84.1
S6	0	30	0	9	1.5	600	51.4	67.7	80.6
S7	0	0	10	9	1.0	615	52.4	76.1	82.7
S8	0	0	20	9	1.2	608	47.1	72.1	80.1
S9	0	0	30	9	1.8	620	46.2	71.7	79.7

4.3.1 粉煤灰掺量对混凝土抗压强度的影响

图 4.4 为不同粉煤灰掺量试件抗压强度随龄期变化图。由图 4.4 可知，随着龄期的不断增长，粉煤灰不同掺量试件抗压强度均不断提高，抗压强度的提升集中于前 28d 龄期内，S1、S2、S3 试件前 3d 抗压强度增长值分别占 90d 龄期强度的 62.66%、57.41% 和 52.72%；前 28d 抗压强度增长值分别占 90d 龄期强度的 98.59%、95.02% 和 93.23%。随着粉煤灰掺量的增加，S1、S2、S3 试件 3d、28d、90d 抗压强度均不断降低，S2、S3 相比于 S1 试件，28d 龄期抗压强度分别降低了 5.97% 和 8.95%，90d 龄期抗压强度分别降低了 2.43% 和 3.71%。这说明粉煤灰掺量的增加不利于混凝土抗压强度的提升。

对比数据可知，随着龄期的不断增长，S1、S2、S3 抗压强度的差值逐渐减小，从强度的占比中也可以看到，随着粉煤灰掺量的不断增长，其抗压强度的发展在后期所占的比重逐渐加大。相关研究表明，粉煤灰的活性发展相对较缓慢，随着龄期的延长，粉煤灰的活性将逐步得到发展。

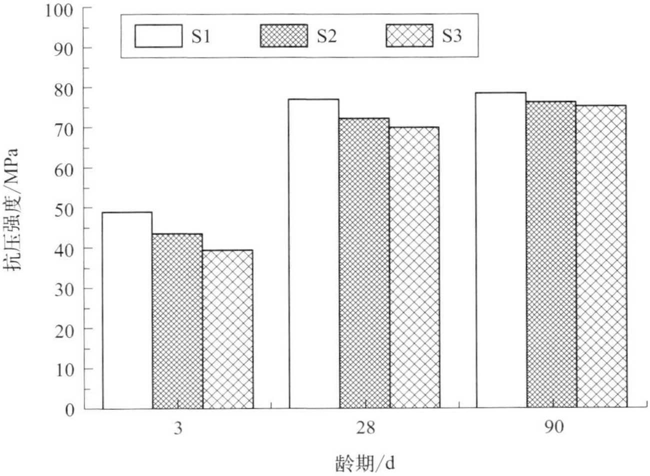

图 4.4 不同粉煤灰掺量试件抗压强度 - 龄期变化图

4.3.2 脱硫灰掺量对混凝土抗压强度的影响

图 4.5 为不同脱硫灰掺量试件抗压强度随龄期变化图。由图 4.5 可知，随

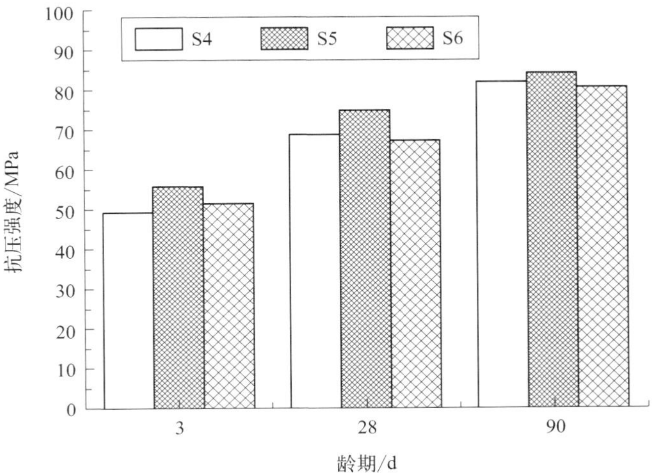

图 4.5 不同脱硫灰掺量试件抗压强度 - 龄期变化图

着龄期的不断增长，不同脱硫灰掺量试件抗压强度均不断提高。S4、S5、S6 试件前 3d 抗压强度增长值分别占 90d 龄期强度的 59.98%、66.59% 和 63.77%；前 28d 抗压强度增长值分别占 90d 龄期强度的 83.94%、89.18% 和 84.00%。随着脱硫灰掺量的增加，S4、S5、S6 试件 3d、28d、90d 抗压强度先增大后减小，当脱硫灰掺量为 20% 时，试件各龄期抗压强度均最高。脱硫灰掺量为 10% 和 30% 的 S4 与 S6 试件相比，随着龄期的增长，S4 试件的抗压强度逐渐超越了 S6 试件。

4.3.3 脱硫渣掺量对混凝土抗压强度的影响

图 4.6 为不同脱硫渣掺量试件抗压强度随龄期变化图，由图 4.6 可知，随着龄期的不断增长，不同脱硫渣掺量试件抗压强度均不断提高，试件 S9 脱硫渣掺量虽然比 S8 高 10%，但各龄期抗压强度相差并不大。

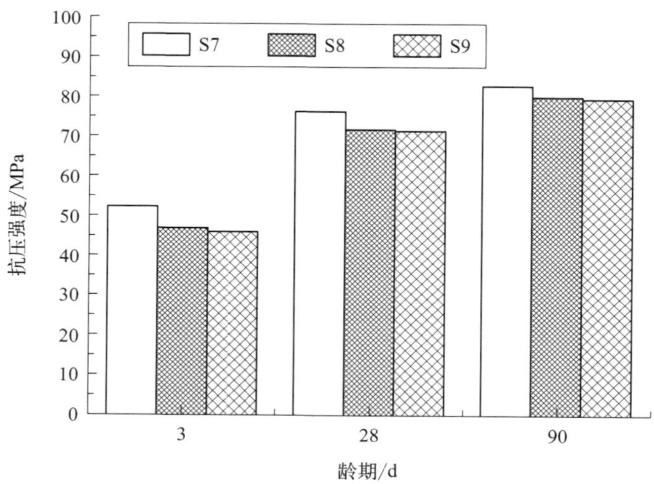

图 4.6 不同脱硫渣掺量试件抗压强度 - 龄期变化图

4.3.4 矿物掺合料种类对混凝土抗压强度的影响

图 4.7 为在不同矿物掺合料（粉煤灰、脱硫灰、脱硫渣）、不同掺量下混凝

土抗压强度随龄期变化图，其中图 4.7(a)(b)(c) 分别为掺量为 10%、20%、30% 的关系图。

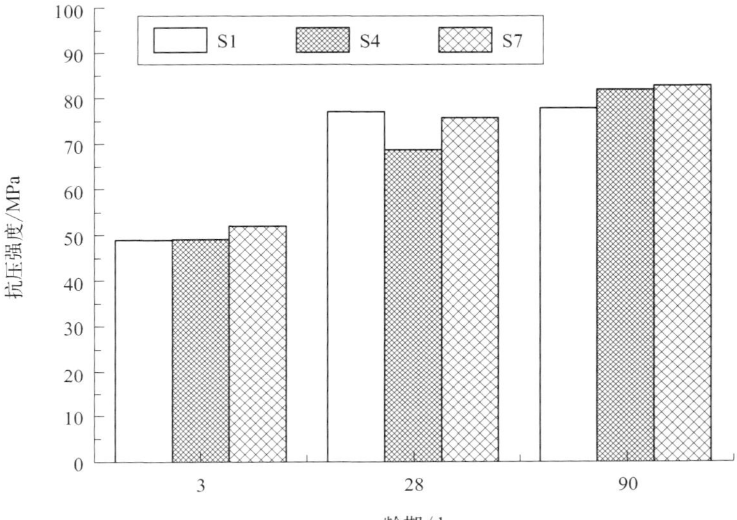

(a) 10%掺量

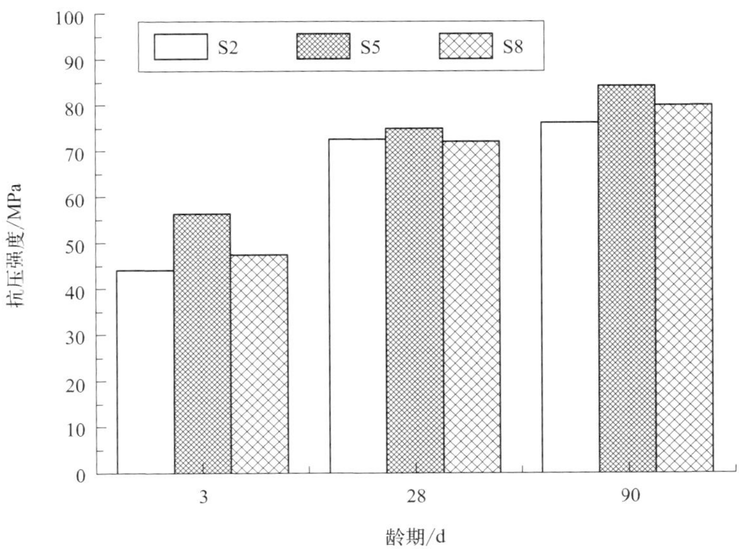

(b) 20%掺量

图 4.7

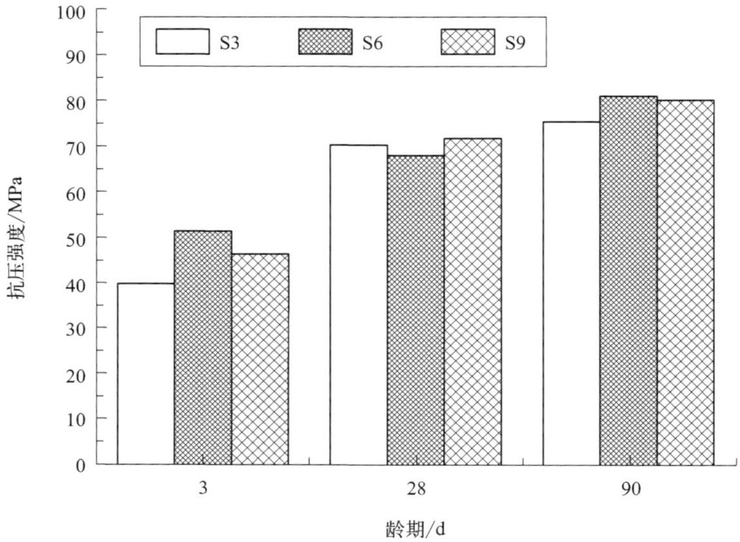

(c) 30%掺量

图 4.7 不同矿物掺合料、不同掺量下混凝土抗压强度 - 龄期关系图

由图 4.7(a) 可知，掺量为 10% 情况下，3d、90d 龄期时，混凝土抗压强度大小按照矿物掺合料排序为脱硫渣＞脱硫灰＞粉煤灰；28d 龄期时，则为脱硫渣＞粉煤灰＞脱硫灰。由此可见，10% 掺量下，脱硫渣对混凝土抗压强度的提升最为明显，粉煤灰对混凝土抗压强度的提升较为有限。28d 龄期时，掺脱硫灰混凝土强度较低，对比 3 种掺合料 28d 强度值占 90d 强度值的比例可以发现，掺脱硫灰混凝土 28d 强度值占比最低，这表明同样掺 10% 矿物掺合料的情况下，掺 10% 脱硫灰的混凝土其强度发展相比于掺脱硫渣、掺粉煤灰更集中于后期，而掺粉煤灰、掺脱硫渣的混凝土其强度发展则集中在了前 28d。

由图 4.7(b) 可知，掺量为 20% 情况下，掺脱硫灰的试件其抗压强度在各龄期均最高，掺粉煤灰与掺脱硫渣混凝土的抗压强度相差不大，但掺脱硫渣混凝土的强度稍高于掺粉煤灰。由此可见，20% 掺量下，掺脱硫灰对混凝土抗压强度的提升最为明显。

由图 4.7(c) 可知，掺量为 30% 情况下，3d、90d 龄期时，混凝土抗压强度大小按照矿物掺合料排序为脱硫灰＞脱硫渣＞粉煤灰；28d 龄期时，则为脱硫渣＞粉煤灰＞脱硫灰。脱硫灰掺量为 30% 时，其 28d 抗压强度表现与 10% 掺量时相同，这表明 30% 脱硫灰掺量下混凝土强度发展较为缓慢。

4.4 本章小结

本章在确定硅灰最佳掺量的基础上，采用粉煤灰、脱硫灰、脱硫渣分别与硅灰复掺制备高性能混凝土，并对比研究了 3 种掺合料种类及掺量对混凝土性能的影响，得到以下结论。

① 采用粉煤灰、脱硫灰、脱硫渣分别与硅灰复掺制备的高性能混凝土其强度等级均可达到 C60 级别，满足高强特征。

② 随着粉煤灰掺量的增加，高性能混凝土抗压强度逐渐减小；掺加粉煤灰的高性能混凝土强度发展集中在前 28d 龄期内。

③ 随着脱硫灰掺量的增加，高性能混凝土抗压强度呈先增大后减小的趋势，当脱硫灰掺量为 20% 时，混凝土试件抗压强度最大。

④ 随着脱硫渣掺量的增加，高性能混凝土抗压强度逐渐降低，脱硫渣掺量为 20% 和 30% 时混凝土抗压强度相差不大。

⑤ 当脱硫灰、脱硫渣与粉煤灰掺量为 10% 时，掺脱硫渣混凝土的抗压强度最大；当掺量为 20% 时，掺脱硫灰试件的抗压强度最大，掺粉煤灰试件的抗压强度较小；当掺量为 30% 时，除 28d 龄期外，混凝土抗压强度大小按照矿物掺合料排序为脱硫灰＞脱硫渣＞粉煤灰，28d 龄期时掺脱硫灰混凝土的抗压强度最小，这可能是由于脱硫灰的强度发展较为缓慢。

⑥ 掺脱硫灰对高性能混凝土强度的提升最为明显，采用脱硫灰、渣替代粉煤灰在强度方面是可行的。

5

CFB 灰渣高性能混凝土耐久性能研究

混凝土因材料易获取、造价低廉、结构强度高等优点，已成为当今世界用量最大、使用范围最广的建筑材料，但大量混凝土结构却因各种原因还未达到设计使用年限便出现大量问题甚至提前失效，其中耐久性能失效是最主要原因之一。

混凝土结构的耐久性是指在设计使用年限内，结构不需要花费额外费用加固处理就能够保持良好的安全性、使用性能和外观完整性，即，在正常的设计、施工、使用和维护下，结构在规定年限内仍能达到其设计功能的性能。

耐久性是混凝土结构三大技术指标之一，高性能混凝土的耐久性应作为其重要的设计指标，有必要对其进行深入研究。

5.1 原材料性质及测试方法

5.1.1 原材料及主要性质

本章试验所用原材料与第 4 章相同。

5.1.2 测试方法

5.1.2.1 抗冻性能

抗冻性能及抗碳化性能均依据《普通混凝土长期性能和耐久性能试验方法标准》（GB/ T 50082—2009）进行测试，抗冻性使用 KDR-V9 型混凝土快速冻融试验机进行试验。试件尺寸同样为 100mm×100mm×100mm，每组成型 6 块，用于强度对照及抗冻试验，其成型与养护方式和强度试件一致。到 28d 龄期后从水槽中取出直接放入冻融箱内，进行冻融试验。本试验以 25 次冻融循环为一组，每次循环结束后从仪器内取出，称量其质量。当质量损失率超过 5%、抗压强度损失率超过 25% 或达到 50 次冻融循环后停止试验。混凝土试件的质量损失率 ΔG_n、强度损失率 ΔF_n 分别按式（5.1）、式（5.2）计算。

$$\Delta G_n = \frac{G_0 - G_n}{G_0} \times 100\% \tag{5.1}$$

$$\Delta F_n = \frac{F_0 - F_n}{F_0} \times 100\% \tag{5.2}$$

式中 ΔG_n——n 次冻融循环后质量损失率，%；

G_0——试件冻融前质量，g；

G_n——n 次冻融循环后质量，g；

ΔF_n——n 次冻融循环后抗压强度损失率，%；

F_0——试样冻融前抗压强度，MPa；

F_n——n 次冻融循环后抗压强度，MPa。

5.1.2.2 抗碳化性能

碳化试件尺寸为 100mm×100mm×100mm，每组成型 12 块。其成型与养护方式和强度试件一致。试件养护到第 26d 时从水槽中取出，放入烘干箱内采用 60℃低温烘烤 48h。选择非成型面为其碳化面，在侧面以 10mm 间距画出数条平行线，用来测量内部碳化深度。而后用保鲜膜及透明胶带对侧面全部包裹密封，放入混凝土碳化箱内，用凡士林对箱口进行密封。试验过程中保持二氧化碳浓度为（20±3）%，温度为（20±5）℃，湿度（70±5）%，到规定碳化龄期后取出试件，对试件破型后在两侧面均滴加 1% 浓度的酚酞酒精溶液。混凝土试件的碳化深度 $\overline{d_t}$ 按式（5.3）计算。

$$\overline{d_t} = \frac{1}{n}\sum_{t=1}^{n} d_i \tag{5.3}$$

式中 $\overline{d_t}$——碳化 t d 后试件的平均碳化深度，mm；

d_i——各个测点的碳化深度，mm；

n——选区的测点数。

5.2 抗冻性能研究

混凝土的冻融破坏是指混凝土在低温状态时，内部水溶液结冰，体积膨胀，经反复冻融循环后，混凝土内外产生了明显压力差和温差，混凝土由密实变得疏松多孔，内部孔隙逐渐变大，使其内部结构产生损伤。混凝土的抗冻性是指混凝土在饱水状态下经受多次冻融循环作用而不破坏，强度也不显著下降的能力，是耐久性的重要指标之一。

我国幅员辽阔，北方地区冬季严寒，昼夜温差较大，部分南方地区也时有冻害情况发生，这些地区的混凝土结构均会遭受冻融破坏。冻融破坏将严重影响混凝土的力学性能及变形性能，使得混凝土产生剥落、钢筋外露等情况，严重影响混凝土结构的安全。

5.2.1 混凝土冻融破坏机理

当前混凝土冻融破坏机理仍未达成共识，较为认可的主要有静水压学说和渗透压学说。

5.2.1.1 静水压学说

Powers 研究发现，混凝土中可冻水主要分布在毛细孔中。凝胶孔中水的蒸气压较小，水的冰点较低，不易冻结；气泡孔径较大，易发生冻结，但因其中水含量少，只有在水压力作用下水溶液才有可能被挤入其中。

当温度降低时，水分由大孔开始冻结并逐渐扩展到毛细孔中，水结冰时其体积增大约 9%，从而挤压未冻结的水溶液，使其沿毛细孔向外扩散，产生静水压力。孔隙水流程越长，静水压力越大，当超过某一极限值时，产生的静水压力大于混凝土的极限抗拉强度，混凝土被破坏。

5.2.1.2 渗透压学说

混凝土内部孔隙中一般含有 Na^+、K^+ 等盐类水溶液，当温度降低时，混凝土内部较大孔隙内的溶液先冻结，导致未冻结的水溶液浓度升高，从而与周围细小孔隙中的溶液产生浓度差，迫使小孔中的溶液向大孔转移；在不含有盐类溶液的孔隙中，毛细孔中的水发生冻结，凝胶中水虽未冻结，但因其蒸气压高于同温度冰的蒸气压，导致水溶液从凝胶孔向毛细孔迁移，小孔中的水溶液也要向已结冰的毛细孔或大孔中迁移。在浓度差和冰水的蒸气压力差的共同作用下，产生了渗透压。

此外还有冰的分离层学说、充水系数学说、温度压力学说等。

5.2.2 影响抗冻性能的因素

5.2.2.1 水灰比

水灰比对混凝土内部孔结构、平均气泡间距、可冻水含量等均有着直接的影响。相关研究表明，水灰比越大，混凝土抗冻性能越差。这是因为水灰比越大，游离水分在蒸发后形成的开口孔隙越大，毛细孔孔径变大，有可能导致内部毛细孔相互连通，形成毛细连通孔隙，使得混凝土内部可冻孔隙增多，从而使得冰涨压力和渗透压力增大，同时孔隙的变化也导致混凝土的吸水性及渗透性增大，可冻水含量相应增加，从而加速了混凝土内部的冻结。另一方面。水灰比越大，混凝土的抗压强度越低，导致其抵抗冻融破坏的能力下降，混凝土更容易被破坏。

5.2.2.2 含气量

混凝土含气量对混凝土的平均气泡间距有直接的影响，含气量主要是指闭合不连通的微小气泡，这些微小气泡在混凝土受冻初期为受压迫的内部水提供了一个“卸压空间”，能够大大降低混凝土毛细孔产生的静水压和渗透压，并且可以抑制孔隙中微小冰晶的生成，提高其抗冻性能。含气量越高，平均气泡间距越小，混凝土抗冻性能越好。引气剂能有效提高混凝土的含气量。

5.2.2.3　混凝土内部水饱和度

混凝土内部水饱和度存在一个临界值，当混凝土内部水饱和度小于该值时，混凝土不会发生冻融破坏，但超过该值时，就会被破坏。一般认为，当混凝土内部含水量小于内部孔隙总体积的 91.7%，就不会产生冻结压力。混凝土饱和状态是由其所处的环境决定的，沿江、沿海、干湿交替地区易发生冻融破坏。

5.2.2.4　混凝土强度

混凝土强度越高，其抵抗冻结膨胀力和静水压、渗透压产生的拉力的能力越强，混凝土越不容易发生冻融破坏。

5.2.2.5　水泥种类及集料质量

水泥的抗冻性与水泥的活性有关，活性越高，则抗冻性越好。水泥中混合材掺量越多，活性降低的同时，抗冻性能也逐渐降低。因混合材的加入，导致水泥的活性降低，其抗冻性能劣于硅酸盐水泥。集料的影响主要与其孔隙率和坚硬程度有关，孔隙率决定了自身的吸水性，吸水性越大，在凝胶与集料黏结界面产生的静水压力就会越大，而坚硬程度高则能保证冻融状态下自身不被破坏，坚硬程度高的碎石、卵石要优于风化岩。

5.2.3　试验结果分析

本书主要对比研究矿物掺合料种类及掺量对高性能混凝土抗冻性能的影响，其中掺合料种类为粉煤灰、脱硫灰、脱硫渣，掺量为 10%、20%、30%。试验过程如图 5.1 所示，冻融前后试件外观如图 5.2 所示，S1 ～ S9 试件冻融前后质量及强度变化如表 5.1 所示。

从图 5.2 中可以看出，50 次冻融循环并未使混凝土试件出现明显的掉角掉渣现象，其与未经冻融试件外观相差不大，但冻融后的试件表面气孔尺寸和数量明显大于未冻融试件，而且经过冻融后的试件表面会出现亮晶状颗粒。

由表 5.1 可知，50 次冻融循环混凝土质量及强度损失率均满足规范要求，其质量损失率最大未超过 0.7%，强度损失率未超过 10%。

图 5.1 混凝土抗冻试验过程

(a) 冻融前　　(b) 冻融后

图 5.2 冻融前后试件对比图

表 5.1 S1 ~ S9 冻融前后质量及强度变化

试件编号	冻融前质量/g	冻融后质量/g	质量损失率/%	对照组强度/MPa	试验组强度/MPa	强度损失率/%
S1	2374.5	2365	0.40	78.53	74.01	5.76
S2	2399	2391.5	0.31	72.64	69.47	4.37
S3	2428	2413	0.62	69.58	63.39	8.90

续表

试件编号	冻融前质量 /g	冻融后质量 /g	质量损失率 /%	对照组强度 /MPa	试验组强度 /MPa	强度损失率 /%
S4	2385	2379	0.25	70.62	69.70	1.30
S5	2415	2411	0.17	75.95	75.34	0.81
S6	2425	2417.5	0.31	63.06	60.76	3.65
S7	2386	2377	0.38	77.65	75.13	3.25
S8	2410.5	2405	0.23	73.21	71.75	2.10
S9	2426	2421.5	0.39	69.53	65.97	5.12

5.2.3.1 粉煤灰掺量对混凝土抗冻性能的影响

由图 5.3 及图 5.4 可知，随着粉煤灰掺量的逐渐增加，混凝土试件的质量损失率及强度损失率均呈现先减小后增大的趋势，当粉煤灰掺量为 20% 时，质量损失率及强度损失率均最小，粉煤灰掺量为 30% 时，质量损失率及强度损失率均最大，由此可见当粉煤灰掺量为 20% 时混凝土抗冻性能最好。

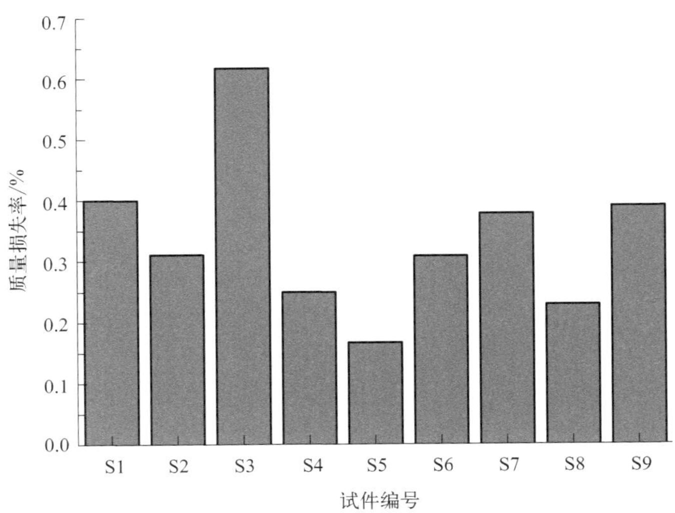

图 5.3 S1 ~ S9 试件质量损失率

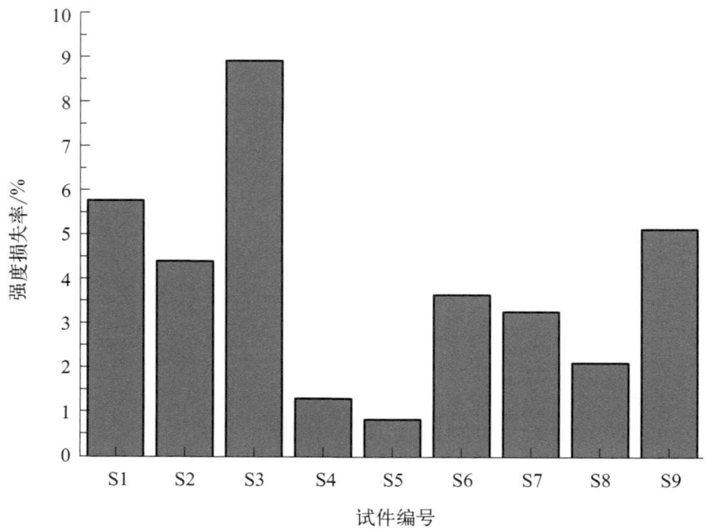

图 5.4 S1 ~ S9 试件强度损失率

粉煤灰的掺入，一方面使得粉煤灰颗粒能够均匀地分散到混凝土中，这些固体颗粒较为稳定，早期主要以固体颗粒的形式填充混凝土内部孔隙，后期，在其周围也能生成一定量的水化产物，在填充内部孔隙的同时，也能改善孔结构；另一方面，粉煤灰原状灰中含有大量玻璃微珠，其直径大于内部毛细孔直径，能够截断内部水通道，提高抗冻性。但随着粉煤灰掺入量的逐渐提高，水泥占比逐渐降低，导致水化硅酸钙凝胶、钙矾石等大量减少，无法填充内部孔隙，$Ca(OH)_2$ 的生成量也不足以支撑粉煤灰的二次水化反应，导致其强度及抗冻性能均有所下降。

5.2.3.2 脱硫灰掺量对混凝土抗冻性能的影响

由图 5.3 及图 5.4 可知，随着脱硫灰掺量的增加，混凝土质量及强度损失率先减小后增大，各试件按质量损失率及强度损失率排序为 S5 < S4 < S6，由此可见，脱硫灰掺量为 20% 时混凝土抗冻性能最好。

由于脱硫灰的膨胀性能较为明显，脱硫灰水化产生的膨胀能够大大提高混凝土内部的密实度，在提高结构强度的同时，阻断了内部的水通道，提高了混凝土的抗冻性能。另一方面，脱硫灰颗粒不规则，结构较为疏松，内部有大量的孔隙，脱硫灰的加入起到了引气剂的作用，因此其抗冻性能得到了提高。但掺量过高时，水泥的占比减少，一方面，凝胶的生成量减少，无法填充内部孔隙，另一方面，脱硫灰掺量过高，使得混凝土工作性能下降，在后期碱度不足的情况下混凝土中的膨胀组分会分解，导致孔结构发生改变，抗冻性能下降。

5.2.3.3 脱硫渣掺量对混凝土抗冻性能的影响

由图 5.3 及图 5.4 可知，掺脱硫渣混凝土与掺脱硫灰混凝土有着相同的规律，即随着掺量的增加，混凝土试件的质量损失率及强度损失率先降低后升高，脱硫渣掺量为 20% 时抗冻性能最好。原理与掺脱硫灰时相同。

5.2.3.4 同掺量下不同掺合料种类对混凝土抗冻性能的影响

对比不同掺合料种类试件的质量损失率及强度损失率可以发现，在 10%、20%、30% 掺量下，掺粉煤灰试件的质量损失率及强度损失率均远大于掺脱硫灰试件与掺脱硫渣试件，掺脱硫灰试件的质量损失率与强度损失率最小，但与掺脱硫渣试件相差不大。

粉煤灰在早期活性不足，无法充分发生反应，而脱硫灰渣的膨胀主要集中于前期，大量膨胀物的生成极大地填充了混凝土内部的孔隙，改善了孔结构，使得混凝土内部更加密实，抗冻性更好。另一方面，由于工艺的区别，粉煤灰较脱硫灰渣更为致密，脱硫灰渣的加入相当于给混凝土内部加入了引气剂，从而为水的膨胀提供了缓冲地带，大大提高了抗冻性。掺脱硫渣与掺脱硫灰相比，混凝土结构的疏松度会下降，引气剂的作用有所降低，抗冻性有所降低，但相差不大。

5.3 抗碳化性能研究

混凝土的碳化（又称中性化）是指混凝土与周围环境中的 CO_2 发生复杂的物理化学反应，内部成分、性能发生变化，从而导致其机能下降的现象。对于钢筋混凝土，当碳化深度超过保护层厚度时，钢筋表面的钝化膜就会被破坏，导致钢筋逐渐锈蚀。钢筋锈蚀过程中体积膨胀，这将导致混凝土出现裂缝甚至保护层脱落等现象发生，从而降低构件的有效截面积、降低其承载能力，最终导致构件破坏甚至使结构失效。

近年来，全球二氧化碳排放量逐渐加剧，2013 年二氧化碳浓度超过了 400μL/L 的阈值，2018 年二氧化碳浓度已达 408μL/L，预计 2090 年将达到 1000μL/L。此外，工厂废弃物的大量排放也导致大气、水系统中的 CO_2、SO_2 的浓度不断增加。这些都严重威胁着钢筋混凝土的使用寿命，因此抗碳化研究仍是当今重要的研究方向。

5.3.1 混凝土抗碳化机理

水泥水化产物中，氢氧化钙约占25%，其pH值在12～13之间，呈强碱性，其他水化产物的pH值也都在10～12之间，由此可见，混凝土内部呈强碱性环境。氢氧化钙饱和溶液大量填充在孔隙中。随着混凝土养护时间的增长，在内部自由水分的挥发及化学减缩的作用下，产生了大量孔隙，环境中的二氧化碳通过这些孔隙逐渐扩散到混凝土的内部，与水发生反应生成碳酸，进而与碱性物质（主要为氢氧化钙和凝胶）发生反应生成碳酸盐和水。其主要化学反应式为：

$$CO_2+H_2O \longrightarrow H_2CO_3$$

$$Ca(OH)_2+H_2CO_3 \longrightarrow CaCO_3+2H_2O$$

$$3CaO \cdot 2SiO_2 \cdot 3H_2O+3H_2CO_3 \longrightarrow 3CaCO_3+2SiO_2+6H_2O$$

相关研究表明，混凝土中的钢筋钝化膜存在 3 个状态，即活化状态、不稳定状态与稳定状态。当 $pH < 9.88$ 时，钢筋表面不能形成钝化膜，即活化状态；$9.88 \leqslant pH \leqslant 11.5$ 时，钝化膜不稳定；$pH > 11.5$ 时才能形成完整的钝化膜。由此可见，pH 值需大于 11.5 才能避免钢筋锈蚀。混凝土中的氢氧化钙由于碳化作用生成碳酸钙，其 pH 值将逐渐降低至 8.5，这将极大程度增加钢筋锈蚀的风险。而钢筋一旦锈蚀，其体积将会发生极大的膨胀，从而使得试件承载能力下降甚至失效。

5.3.2 碳化对混凝土性能的影响

混凝土的碳化对素混凝土的影响较小，甚至能提高其某些方面的性能，但对钢筋混凝土的影响不利。碳化对混凝土的影响主要包括：

5.3.2.1 体积变化

由于水泥水化产生的自收缩，其产物 $Ca(OH)_2$ 大量溶解，水压力减小，由于生成的碳酸钙在混凝土自应力很小或无应力的位置累积，碳化反应生成的水使得水泥水化继续进行，混凝土进一步收缩，体积减小。

5.3.2.2 孔隙变化

混凝土碳化后生成的碳酸钙相比于氢氧化钙更难溶解，因此随着反应的进行，碳酸钙大量生成并逐渐析出，生成大量结晶，研究表明，碳化后固相体积相比于 $Ca(OH)_2$ 体积增加了 12% ～ 17%，导致内部孔隙和部分微毛细孔被堵塞、填充，从而使得混凝土孔径变小，孔隙率下降，孔结构得到改善。其总孔隙减少量约占体积的 5%。

5.3.2.3 强度变化

碳酸钙的生成将大量填充混凝土内部孔隙，使得试件越来越密实，同时碳化反应也将促进水泥水化作用的进行，使凝胶继续生成，所以碳化作用会提高试件的强度。相关研究表明，碳化后试件抗压强度的提升幅度能达到 50% ～ 70%。

5.3.2.4 抗冻性能改善

由于碳酸钙的生成，混凝土内部孔隙被大量填充，孔隙结构得以改善，孔隙得以大量细化，从而使得混凝土内部冻结温度下降；另一方面，孔隙内的水分大大减少，使得内部的微毛细孔更好地发挥了缓冲作用，抗冻性能得到增强。

5.3.3 影响碳化的因素

混凝土碳化速度是其内部孔结构状况的表现，可以反映混凝土的密实度，是判断混凝土优劣性的重要指标之一。影响混凝土碳化的因素列举如下。

5.3.3.1 材料因素

（1）水灰比

水灰比越大，混凝土的碳化速度和深度也就越大。这是因为水灰比越大，混凝土内部的孔隙率及孔径也就越大，同时游离水也会增多，加速二氧化碳扩散的同时也加剧了反应的进行。相关研究表明，混凝土碳化深度与水灰比近似成指数关系。

（2）水泥种类和掺量

水泥种类直接导致其内部可碳化物含量的差异。当水泥中活性矿物掺合料增多时，其可碳化成分相应减少，碳化速率就会加快；相反，活性矿物掺合料减少就会使碳化速率减慢。硅酸盐水泥碳化速率优于混合材水泥。

当水泥种类相同时，水泥用量越多，混凝土的和易性与密实度将得到改善，同时其碱含量也将提高，因此将减缓碳化速率。相关研究也表明，水泥种类相同时，碳化深度与水泥掺量成指数的倒函数关系。

（3）矿物掺合料

矿物掺合料的加入对混凝土的抗碳化性能不利。矿物掺合料的掺入，一方面使得水泥的占比减小，水泥中的可碳化物质减少，碱含量降低，抗碳化能力下降；另一方面，活性矿物掺合料与水泥水化生成的氢氧化钙反应，降低了碱含量，加速了碳化进程。

（4）外加剂

减水剂能有效降低水灰比，改善水泥的和易性，提高水泥的密实度，从而减缓碳化反应。相关研究表明，聚羧酸减水剂比萘系减水剂对抗碳化能力的提升更明显。

5.3.3.2 环境因素

（1）温度

高温能加速气体分子的扩散，进而使碳化反应的速率也加快。相关研究表明，环境的温度与碳化速度近似成正比关系。

（2）相对湿度

当相对湿度过高时，混凝土内部孔隙充满了水，使得 CO_2 在其内部难以扩散，从而减缓了碳化速率。当相对湿度过低时，混凝土内部含水量极少，虽然 CO_2 得以向内部扩散，但是水含量不足以支撑反应的进行，因此碳化速率也将下降。

（3）CO_2 浓度

空气中 CO_2 浓度越大，混凝土内外的 CO_2 浓度差就越大，CO_2 越容易进入混凝土内部，从而加快碳化反应的进行。相关研究表明，碳化深度与 CO_2 浓度近似呈平方根关系。

5.3.4　试验结果分析

本课题主要对比研究矿物掺合料种类及掺量对高性能混凝土碳化性能的影响，控制变量如下：矿物掺合料种类为粉煤灰、脱硫灰、脱硫渣，掺量为 10%、20%、30%。高性能混凝土碳化试验过程如图 5.5 所示，碳化后混凝土如图 5.6 所示，混凝土碳化深度结果如表 5.2 所示。

图 5.5　抗碳化试验过程

图 5.6　抗碳化实物图

表 5.2　混凝土碳化深度

编号	粉煤灰掺量 /%	脱硫灰掺量 /%	脱硫渣掺量 /%	硅灰掺量 /%	水泥掺量 /%	碳化深度 /mm			
						3d	7d	14d	28d
S1	10	—	—	9	81	0	0	0	0.1
S2	20	—	—	9	71	0	0	0.1	0.2
S3	30	—	—	9	61	1.1	2.0	5.5	7.6
S4	—	10	—	9	81	0	0.1	0.4	0.6
S5	—	20	—	9	71	0.9	2.3	3.3	6.0
S6	—	30	—	9	61	1.8	3	6.0	8.9
S7	—	—	10	9	81	0	0	0.2	0.4
S8	—	—	20	9	71	0.6	1.0	1.5	1.9
S9	—	—	30	9	61	1.5	2.0	4.0	5.5

5.3.4.1　粉煤灰掺量对混凝土抗碳化性能的影响

由图 5.7 可以看出，在周围环境一致，即 CO_2 浓度、温度、相对湿度相同的情况下，随着碳化龄期的延长，掺粉煤灰试件 S1、S2、S3 的碳化深度均不断增大；随着粉煤灰掺量的增加，混凝土试件各龄期碳化深度也在不断增大。由图 5.7 可明显看出，后期碳化速率要远小于前期，可见碳化主要集中在前期。粉煤灰掺量为 10%、20% 的混凝土试件其碳化深度要远小于粉煤灰掺量为 30% 的试件，掺量为 10%、20% 的试件几乎未发生碳化，而 30% 的试件碳化深度明显。

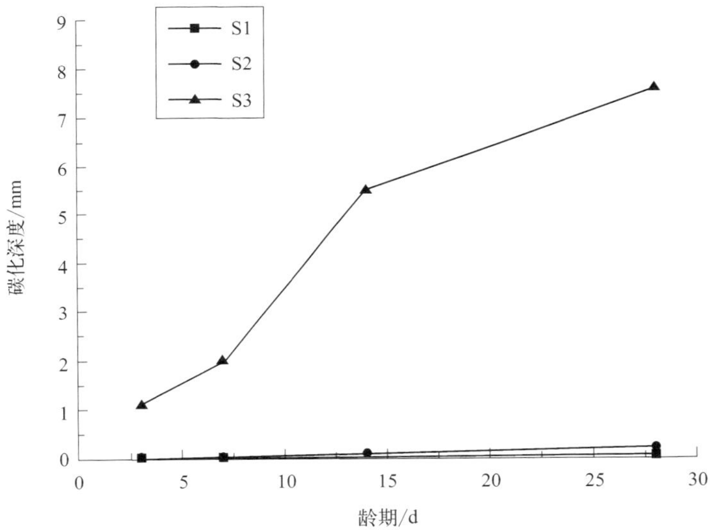

图 5.7 不同粉煤灰掺量下混凝土碳化深度 - 龄期关系图

混凝土的碳化性能主要受内部碱储备量及混凝土密实度的影响。而粉煤灰的掺入一方面影响混凝土的碱储备量，另一方面改善了混凝土的密实度。

粉煤灰的水化为二次水化反应，在这一过程中将消耗大量氢氧化钙，降低混凝土的碱储备量，且随着粉煤灰掺量的逐渐增加，水泥的占比逐渐减少，碱储备量也逐渐减少，这对混凝土的抗碳化是不利的。另一方面，粉煤灰具有良好的火山灰效应及微集料填充效应，粉煤灰的掺入不仅填充了颗粒间隙，二次水化反应生成的凝胶也提高了混凝土的密实度，使得内部孔结构得以改善，孔径越来越小，这对抗碳化性能有提升作用。混凝土抗碳化性能主要是这两个方面综合作用的结果。

当粉煤灰掺量较小时，粉煤灰对混凝土形态的改善效应较为明显，粉煤灰掺量为 10%、20% 时，其碳化深度基本趋于 0；当掺量达到 30% 时，对混凝土内部碱储备量消耗明显，同时，因粉煤灰二次水化反应较为缓慢，混凝土中含有大量未水化的粉煤灰颗粒，导致内部结构不够密实，因此其碳化深度明显加大。

5.3.4.2 脱硫灰掺量对混凝土抗碳化性能的影响

由图 5.8 可以发现，随着碳化龄期的增长，不同脱硫灰掺量下混凝土试件的碳化深度均不断加深；随着脱硫灰掺量的增加，混凝土试件各龄期碳化深度也在不断加深。由图 5.8 可明显看出，不同脱硫灰掺量下混凝土碳化速率在不断减小，碳化集中发生在前期。

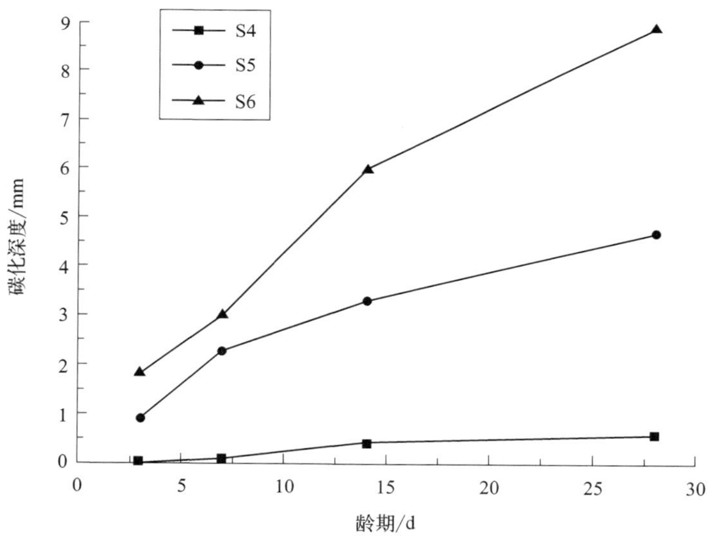

图 5.8 不同脱硫灰掺量下混凝土碳化深度 - 龄期关系图

混凝土中碱储备量与密实度是影响碳化的最主要因素，脱硫灰的掺入一方面降低了混凝土中水泥的占比，使得氧化钙含量降低，而脱硫灰中的游离氧化钙多数被硬石膏包裹、得不到释放，使得氢氧化钙生成量减少，碱储备量降低，导致试件对二氧化碳的吸收能力下降，碳化进程加快。另一方面，虽然脱硫灰自身具有火山灰活性及膨胀性，能够在早期及后期生成大量水化硅酸钙凝胶填充内部孔隙，但脱硫灰因燃烧工艺的区别，其颗粒较为蓬松，需水量较大，混凝土也较为黏稠，工作性能较差，这就导致其内部孔隙较多，不利于混凝土的抗碳化。

5.3.4.3 脱硫渣掺量对混凝土抗碳化性能的影响

由图 5.9 可以看出，随着碳化龄期的延长，在不同脱硫渣掺量下混凝土试件碳化深度均在不断加深；随着脱硫渣掺量的增加，混凝土试件各龄期碳化深度也在不断加深。另外，不同脱硫渣掺量下混凝土碳化速率在不断降低，碳化主要集中在前期。其碳化原理与掺脱硫灰混凝土相同。

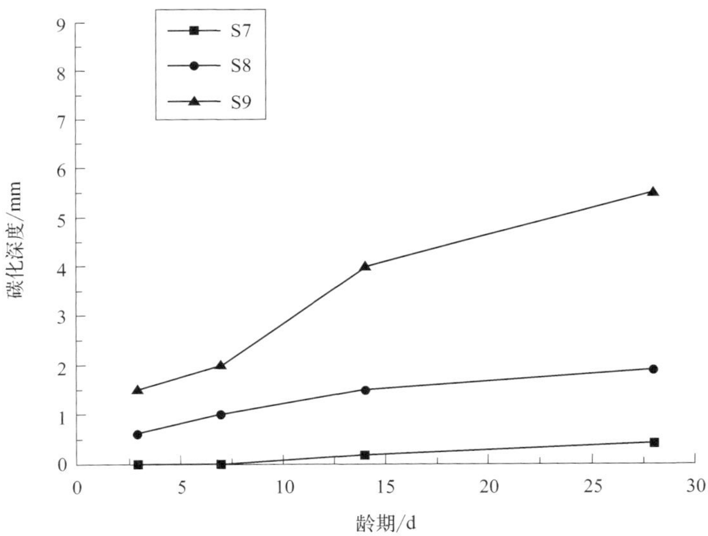

图 5.9 不同脱硫渣掺量下混凝土碳化深度 - 龄期关系图

5.3.4.4 同掺量下不同掺合料种类对混凝土抗碳化性能的影响

图 5.10（a）～（c）分别为 10%、20%、30% 掺量下，掺入不同掺合料种

类（粉煤灰、脱硫灰、脱硫渣）混凝土碳化深度随龄期变化图。可以看出，在掺量为 10%、20% 及 30% 时，掺脱硫灰混凝土试件碳化深度均最大；掺量为 10% 及 20% 时，掺脱硫渣试件的碳化深度要大于掺粉煤灰试件；掺量为 30% 时，前期掺脱硫渣试件的碳化深度大于掺粉煤灰试件，但后期掺粉煤灰试件碳化深度更大。

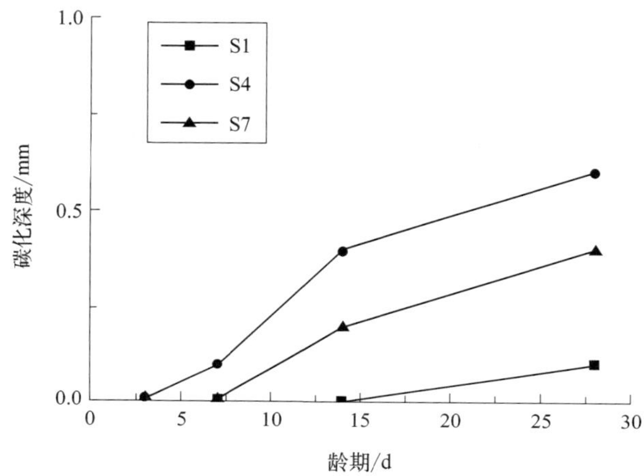

(a) 10%掺量

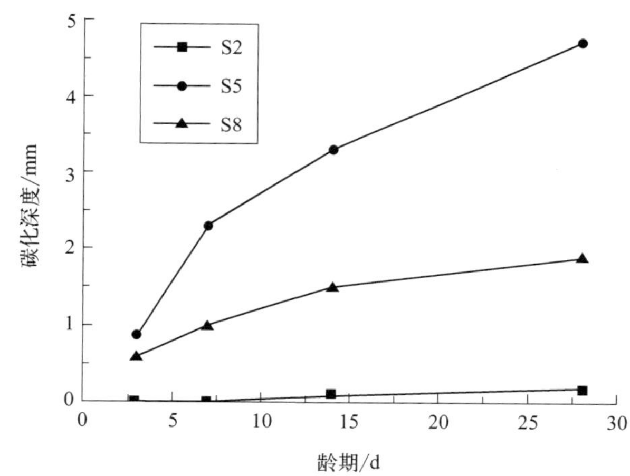

(b) 20%掺量

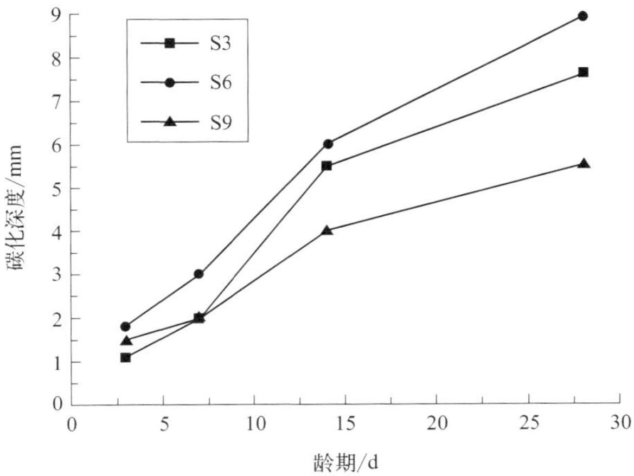

(c) 30%掺量

图 5.10 掺入不同掺合料种类混凝土碳化深度-龄期关系图

对比脱硫灰与脱硫渣可知，粉磨后的脱硫渣其内部游离氧化钙得以释放，使得游离氧化钙能够与水反应，生成氢氧化钙，提升内部碱储备；同时经粉磨后的脱硫渣其颗粒性能得到改善，需水量下降，使得混凝土的和易性更好，内部孔隙率降低，从而使得混凝土内部更加密实，大大改善其抗碳化性能。

当矿物掺合料掺量为 10% 及 20% 时，掺加粉煤灰的混凝土试件碳化深度最小。说明当矿物掺合料掺量较小时，粉煤灰比脱硫灰渣更能提升混凝土的密实度，让结构变得更为致密。这主要是由于它们的形貌差异导致的。因燃烧工艺不同，粉煤灰多为玻璃微珠，结构较为致密；而脱硫灰渣为不定形体，疏松多孔，内部容易积聚气泡。而当矿物掺合料掺量为 30% 时，掺粉煤灰试件的碳化深度要大于掺脱硫渣试件，其原因可能是粉煤灰掺量增加，其二次水化消耗了大量氢氧化钙，使得试件中碱储备含量降低。

5.4 本章小结

本章对采用粉煤灰、脱硫灰、脱硫渣三种矿物掺合料、在不同掺量下制备的高性能混凝土进行了抗冻性能及抗碳化性能的研究，测试了 50 次冻融循环后各试件的质量损失率和强度损失率，以及碳化 3d、7d、14d、28d 后混凝土的碳化深度，得到了以下结论：

① 掺加粉煤灰、脱硫灰、脱硫渣的混凝土试件，随着掺量的逐渐增加，其质量损失率及强度损失率呈先降低后升高的趋势。掺量为 20% 时，抗冻性能最好。

② 相同掺量下，掺脱硫灰试件的抗冻性能最好，与掺脱硫渣试件相近，远好于掺粉煤灰试件的抗冻性能。

③ 掺加粉煤灰、脱硫灰、脱硫渣的混凝土试件，随着掺量的逐渐增加，混凝土碳化深度逐渐增加；随着碳化龄期的延长，混凝土碳化深度也逐渐增加；各试件的碳化速率在前期增长较快。低掺量试件碳化深度很小，粉煤灰掺量为 10%、20% 的试件，其碳化深度基本为 0。

④ 矿物掺合料掺量为 10%、20% 的情况下，混凝土碳化深度大小按照掺合料种类排序为：脱硫灰＞脱硫渣＞粉煤灰；掺粉煤灰混凝土的抗碳化性能最优，而掺脱硫灰时最差。矿物掺合料掺量为 30% 时，早期掺粉煤灰试件的碳化深度小于掺脱硫渣试件，后期逐渐超越，掺脱硫渣试件的抗碳化性能最优，掺脱硫灰试件最差。

6
CFB 灰渣钢管自密实混凝土短柱轴压性能研究

混凝土在三向应力作用状态下，其强度和弹性模量将会得到提高，其韧性和塑性等性能也能得到提升，侧向压应力越大，性能提高幅度越大。在钢管混凝土结构中，核心混凝土受到钢管约束，钢管对核心混凝土形成紧箍力，可以提高核心混凝土的强度破坏极限，钢管混凝土构件的抗压性能会得到大大改善。对钢管混凝土进行加载时，在初期，核心混凝土的横向变形系数较小，而钢材的泊松比较大，在纵向压力作用下，同样的压应变，核心混凝土的横向应变要小于钢管的横向应变。这样钢管的径向应变和环向应变均为负值，即产生“负紧箍力”。也就是说，钢管和核心混凝土逐渐脱离，钢管对核心混凝土不会形成紧箍作用，这对于钢管混凝土构件性能会产生不利影响。继续施加荷载，核心混凝土的横向变形系数会逐渐提高，当混凝土的横向变形超过钢管时，钢管就会对核心混凝土形成约束，产生“正紧箍力”。但在加载早期，钢管处于弹性及弹塑性阶段。这时产生的紧箍力很小。继续施加荷载，核心混凝土的横向变形继续增大，当其开始超过钢材泊松比时，钢管对核心混凝土形成全约束状态，紧箍力不断增大，承载能力得到提高，但与此同时，核心混凝土裂缝不断产生并扩大，带动钢管变形增大。继续加载，构件失去承载能力，宣告破坏。从钢管混凝土整个加载破坏过程来看，紧箍力主要是在加载后期产生作用。如果在加荷之前，钢管对核心混凝土就能够形成约束，产生紧箍力，一定会提高钢管和核心混凝土的协调作用能力，从而提高钢管混凝土构件和结构的工作能力。

前面的研究表明，磨细脱硫渣自密实混凝土在达到一定的掺量后，能够形成自应力，在钢管混凝土承受荷载之前便形成紧箍力，可以弥补普通钢管混凝土加荷早期紧箍力不足的缺陷，提高钢管混凝土的工作性能。

6.1　试验概况

对本书第 3 章所述 GP1 ～ GP9 共 9 组钢管约束试件，在 28d 龄期膨胀测试结束后，立即进行轴压试验。

钢管混凝土短柱长径比按文献［148］的建议，取 L/D=3，属于钢管混凝土标准试件。此长径比可以避免试件过短导致的端部效应影响以及试件过长出现的弯曲变形或失稳。本研究中，所有试件长度均为 300mm，钢管外径均为 100mm。

钢管混凝土膨胀试件经 28d 膨胀应变测试后，在中北大学工程结构实验室 2000kN 液压试验机上进行轴压试验，所用仪器包括静态电阻应变仪、位移计等，测试示意图如图 6.1 所示。具体的操作步骤如下：

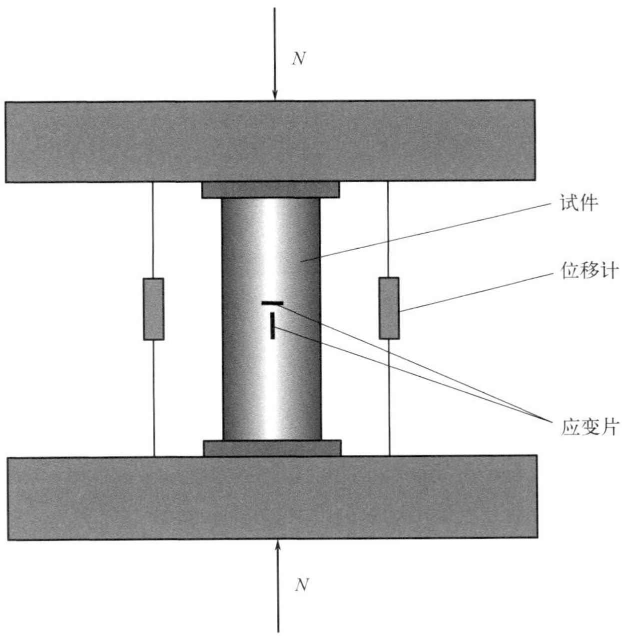

图 6.1　短柱加载示意图

① 将试件两端盖板打磨，将轴向和环向应变片通过导线与应变仪可靠连接，然后放在压力机加压底板上。沿加载方向在试件两侧各设置一个电测位移计，测试试件的轴向总变形，如图 6.2 所示。将另一试件通过导线连接到应变仪上，以补偿轴压试件的温度变形。

② 在正式加载前进行预加载。预加载的目的主要是验证各仪器设备是否运

行正常，并确保试件端部盖板与压力机承压板能够紧密接触。预加载通常取预估极限承载力的 10%，本次试验取为 50kN。

③ 正式加载。正式加载采用分级加载，本试验每级加载值为 5kN，加载持续时间 2 ～ 3min，待记录数据后进行下一级加载。当加载接近理论极限值时，降低加载速度直至试件破坏，记录最后读数，即为试件极限承载力。

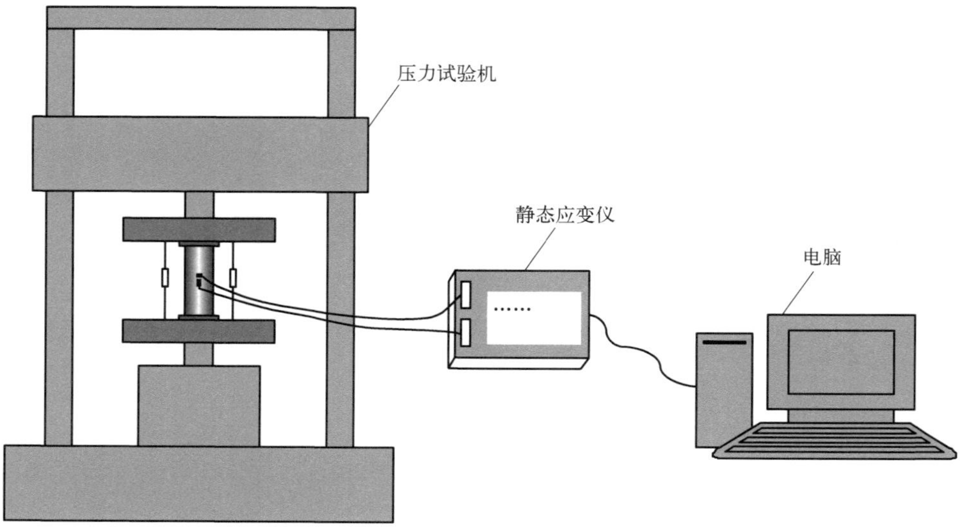

图 6.2　短柱测试示意图

6.2　试验结果及分析

6.2.1　破坏形态和破坏过程

根据试验结果，掺入磨细脱硫渣的钢管自密实混凝土和普通钢管自密实混凝土破坏过程和破坏形态基本相同，各试件破坏形态如图 6.3 所示。

图 6.3 典型破坏形态

各个试件破坏形式均为延性破坏，加荷初期，试验短柱稳定；继续加荷，由于边缘效应的影响，上下端部开始发生屈曲现象；此后，钢管发生剪切滑移，中部逐渐鼓起，继续加载压力表读数不再升高，到达极限荷载。

试件的破坏形态为剪切型多折腰鼓破坏，表现为钢管混凝土表面沿轴向形成多个腰鼓。主要原因在于在钢材产生第一次塑流后，若继续加载，在钢管薄弱处会发生局部屈服，钢管屈服后无法继续承担压力，遂将其转移给核心混凝土，核心混凝土沿着最大剪切角 θ=20° ～ 25° 的方向发生滑移。当剪切滑移面偏于试件一端时，在形成第一个剪切面后，顺剪切方向滑移的混凝土楔状块体迫使钢管中部产生第二个鼓曲，形成第二个反向剪切破坏面。钢管局部鼓曲后，试件整体仍具有承载力，经过多次滑移，形成多个腰鼓后，钢管混凝土到达极限承载力，试件破坏。

钢管自密实混凝土的荷载 - 应变（N-ε）关系曲线如图 6.4 所示，其工作过程可以分为 3 个阶段：

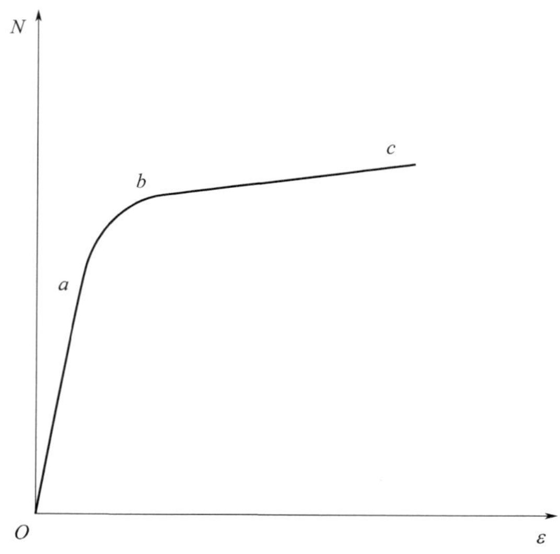

图 6.4　钢管自密实混凝土短柱 N-ε 关系曲线

① 弹性阶段，Oa 段。在这一阶段，荷载和应变接近直线关系，应变随荷载的增大而增大，但变形很小，肉眼无法观察到钢管混凝土变化。荷载达到 a 点

时，钢管应力达比例极限，这时的荷载大约为极限荷载的 80%。

② 弹塑性阶段，*ab* 段。这一阶段钢管的弹性模量不断降低，而核心混凝土的弹性模量并未减低或降低幅度不大，钢管与核心混凝土之间的轴向压力分配不断变化，混凝土所受荷载提升，而钢管所受荷载降低，应变增长速度变快，荷载 - 应变关系偏离直线关系，形成非线性过渡关系曲线。由于核心混凝土受力不断增大，其泊松比超过钢材的泊松比，钢管对核心混凝土的约束紧箍力持续增大，二者均处于三向应力状态。钢管环向受拉，径向和轴向受压；核心混凝土则三向受压。

③ 强化阶段，*bc* 段。继续施加荷载，钢管塑性变形继续增大，此时增加的荷载主要由核心混凝土负担，核心混凝土的横向变形增长迅速，会对钢管形成径向推压，因而钢管的环向应力会增大，钢管对核心混凝土的紧箍力提高。混凝土受到钢管的约束，侧压力增大从而提高了承载力。

6.2.2 各组试件承载力结果

各组试件的极限承载力如表 6.1 所示，图 6.5 为各组试件极限承载力对比图。

表 6.1　钢管混凝土短柱轴压极限承载力

组别	试件编号	配比编号	水胶比	脱硫渣掺量 /%	硫酸钠掺量 /%	钢管尺寸（$D\times t\times L$）/mm	极限承载力 /kN	极限承载力平均值 /kN
GP1	GP1-1	SCC1	0.3	0	0	100×2×300	430.2	431.29
	GP1-2	SCC1	0.3	0	0	100×2×300	432.38	
GP2	GP2-1	SCC2	0.3	10	0	100×2×300	487.13	486.43
	GP2-2	SCC2	0.3	10	0	100×2×300	485.73	
GP3	GP3-1	SCC3	0.3	30	0	100×2×300	579.33	576.43
	GP3-2	SCC3	0.3	30	0	100×2×300	573.53	
GP4	GP4-1	SCC3	0.3	30	0	100×3×300	649.82	648.96
	GP4-2	SCC3	0.3	30	0	100×3×300	648.09	

续表

组别	试件编号	配比编号	水胶比	脱硫渣掺量/%	硫酸钠掺量/%	钢管尺寸（$D\times t\times L$）/mm	极限承载力/kN	极限承载力平均值/kN
GP5	GP5-1	SCC3	0.3	30	0	100×4×300	709.62	707.44
	GP5-2	SCC3	0.3	30	0	100×4×300	705.25	
GP6	GP6-1	SCC4	0.3	50	0	100×2×300	421.8	422.20
	GP6-2	SCC4	0.3	50	0	100×2×300	422.59	
GP7	GP7-1	SCC6	0.34	30	0	100×2×300	528.63	527.45
	GP7-2	SCC6	0.34	30	0	100×2×300	526.27	
GP8	GP8-1	SCC7	0.38	30	0	100×2×300	480.25	480.89
	GP8-2	SCC7	0.38	30	0	100×2×300	481.52	
GP9	GP9-1	SCC5	0.3	30	1.5	100×2×300	665.1	664.69
	GP9-2	SCC5	0.3	30	1.5	100×2×300	664.28	

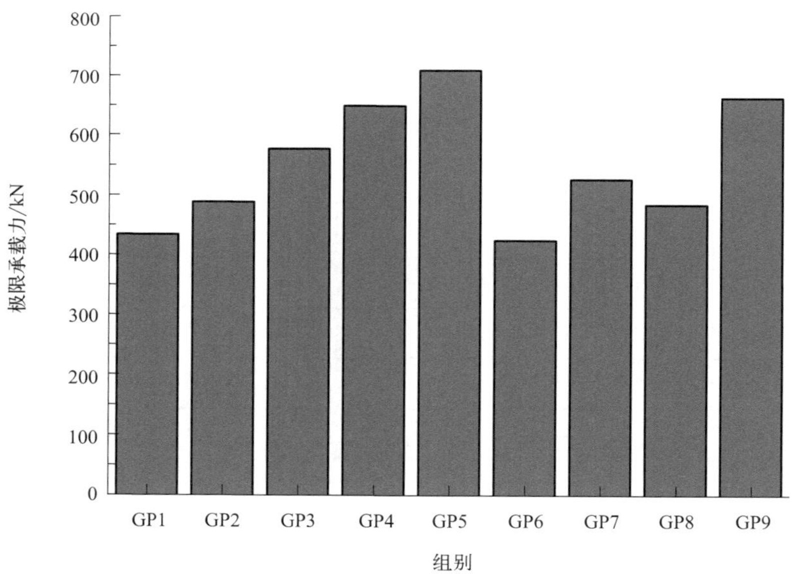

图 6.5　钢管自密实混凝土极限承载力对比图

6.2.3 影响因素分析

图 6.6、图 6.7 分别给出了各组试件的荷载 - 变形、荷载 - 应变关系曲线。

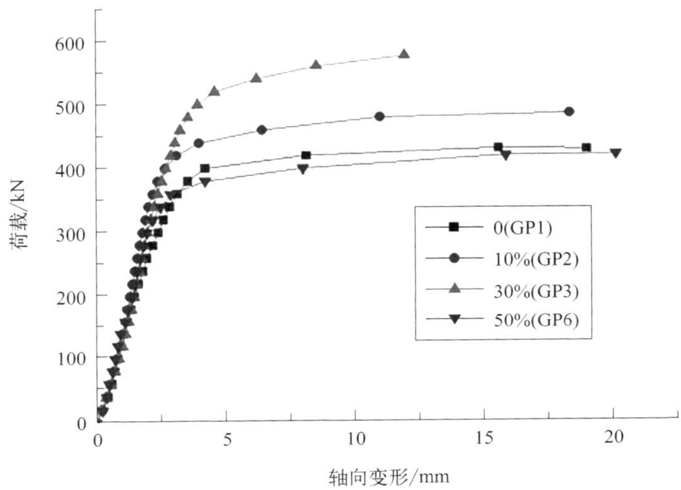

(a) 不同脱硫渣掺量

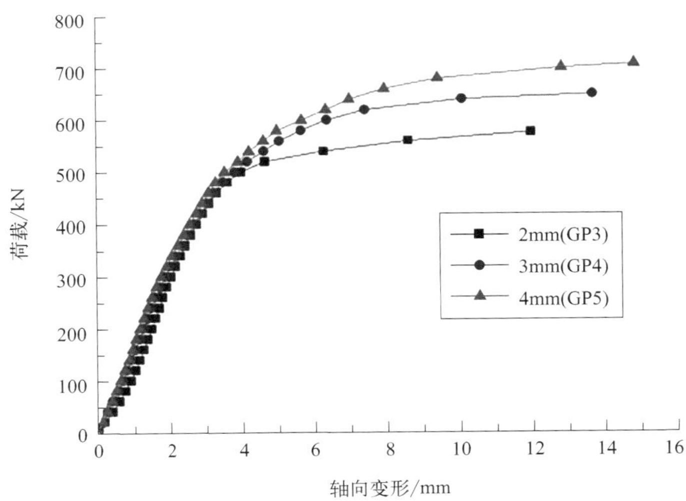

(b) 不同钢管壁厚

图 6.6

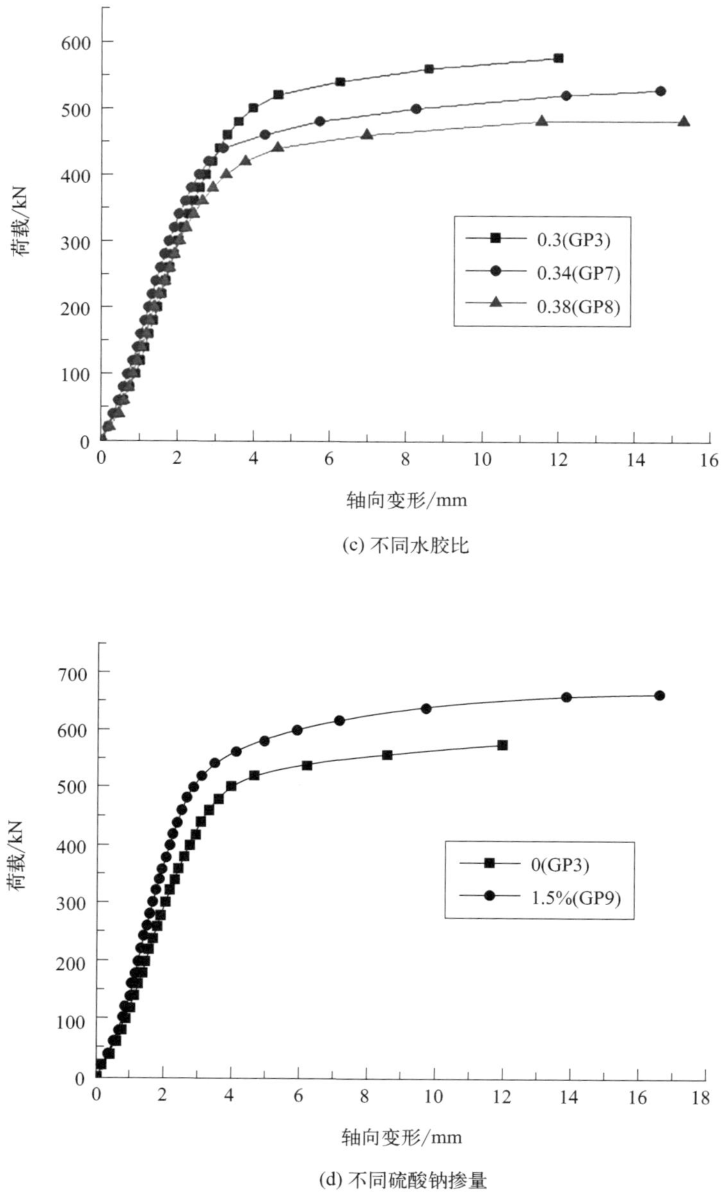

(c) 不同水胶比

(d) 不同硫酸钠掺量

图 6.6　钢管自密实混凝土荷载 - 变形关系曲线

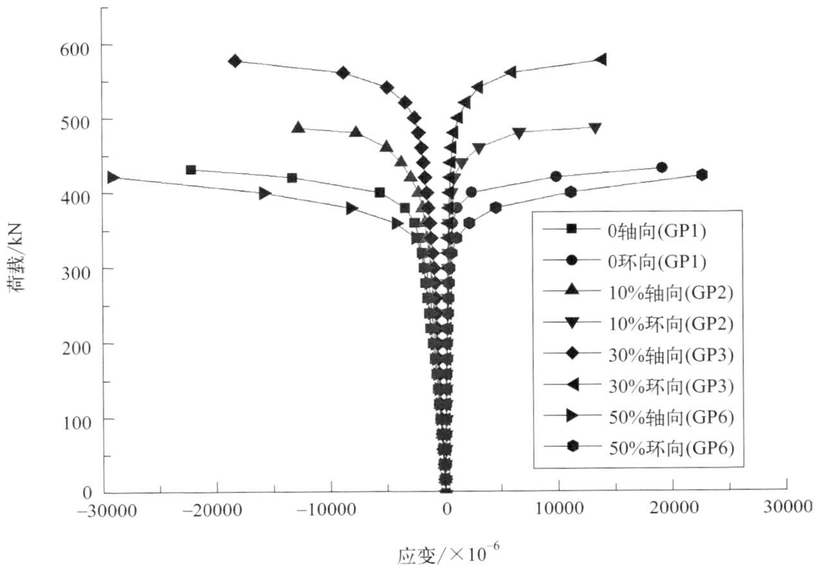

(a) 不同脱硫渣掺量

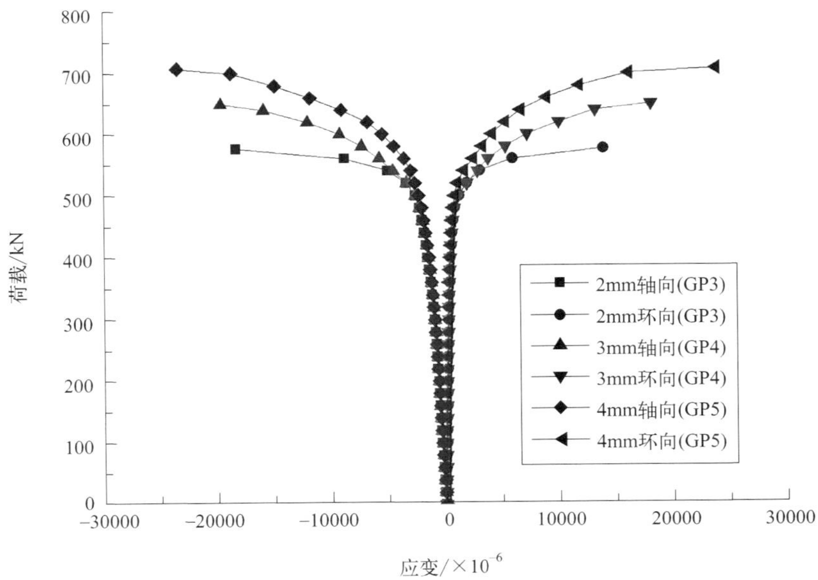

(b) 不同钢管壁厚

图 6.7

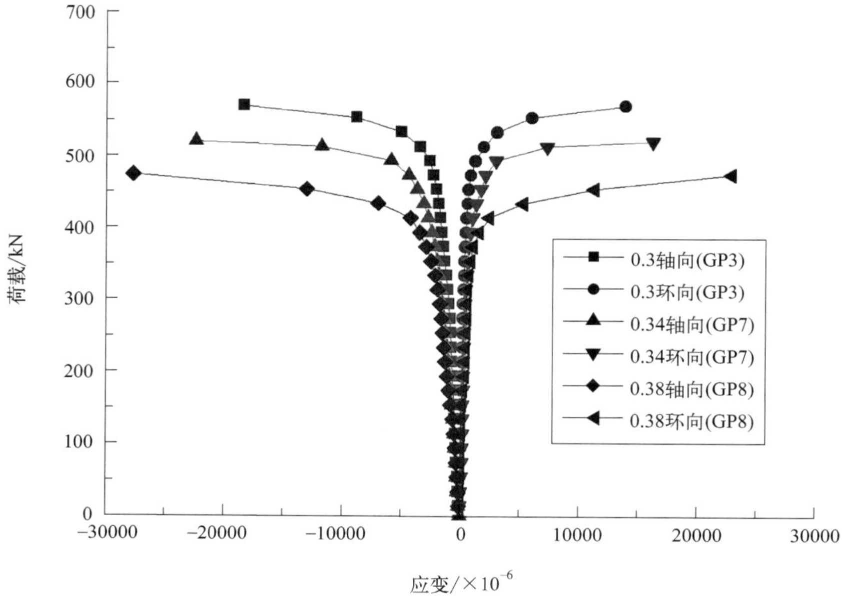

(c) 不同水胶比

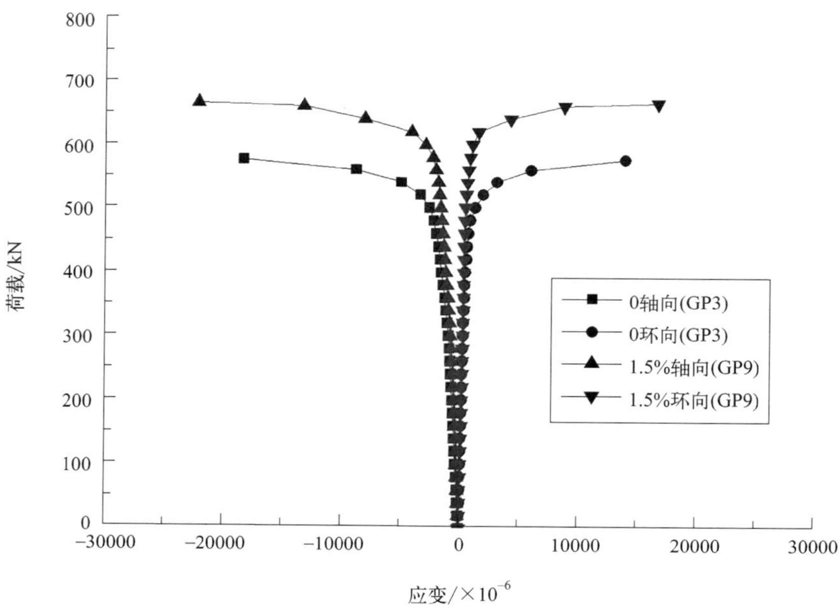

(d) 不同硫酸钠掺量

图 6.7 钢管自密实混凝土荷载 - 应变关系曲线

6.2.3.1　脱硫渣掺量影响分析

如表 6.1、图 6.5 所示，GP1、GP2、GP3 和 GP6 试件对应磨细脱硫渣掺量分别为 0、10%、30% 和 50%。试件极限承载力随磨细脱硫掺量的增加呈现先增大后减小的趋势。掺量由 0 增加到 30% 的过程中，极限承载力不断增加；继续增加到 50%，极限承载力下降。在掺量为 30% 时，钢管自密实混凝土短柱的极限承载力最高，与掺量为 0 的基准自密实混凝土相比，提高了 33.6%；脱硫渣掺量为 10% 的 GP2 试件，与 GP1 相比，提高了 12.8%；极限承载力最低的 GP6 试件，比 GP1 降低了 2.1%。

参考本书 3.2.3 小节，由掺量对混凝土抗压强度的影响对比可以发现，采用相同配比制成钢管混凝土后，磨细脱硫渣对钢管混凝土的承载力有明显的提升作用。主要原因是：①脱硫渣疏松多孔，吸水性大，磨细后虽然宏观上有所改善，但微观结构特征并没有完全改变，水泥中掺入磨细脱硫渣可以提高体系的黏性。采用磨细脱硫渣配制成自密实混凝土后，可以提高混凝土的黏聚性。制作成钢管混凝土试件，由于胶凝体系良好的黏聚力，可以增强混凝土与钢管内壁的界面结合力，这样可以提升钢管和核心混凝土协同工作的能力。②磨细脱硫渣具有膨胀性，在钢管自密实混凝土试件中，由于核心混凝土中掺入了一定量的磨细脱硫渣，可以补偿核心混凝土收缩，甚至膨胀产生自应力，在钢管的约束作用下，形成了紧箍力，紧箍力的存在可以提高其受荷初期钢管与核心混凝土之间共同抵抗变形的能力，因而可以延长弹性工作时间，从而提高构件承载力。

相对于掺加磨细脱硫渣对混凝土抗压强度的影响而言，磨细脱硫渣对钢管混凝土的承载力有提升作用，但作用有限。与 GP3 相比，GP6 的磨细脱硫渣掺量达到 50%，虽然自应力较大，但由于配制的核心混凝土强度低，最终承载力结果比 GP3 低了 26.8%。这说明核心混凝土抗压强度相对于自应力，是影响构件承载力的主要因素。

如图 6.6（a）所示，不同脱硫渣掺量下钢管混凝土荷载与轴向变形变化规律基本一致。脱硫渣掺量为 30% 的 GP3 构件的弹性极限最大，强化阶段的斜率也最大，变形最小；掺量为 50% 的 GP6 构件的弹性极限最小，强化阶段的斜率也最小，变形最大。

如图 6.7（a）所示，荷载 - 应变的关系与荷载 - 变形的关系基本一致。达到相同应变值时，GP3 应变最大，GP6 应变最小。试件破坏时，轴向应变均大于环向应变。

6.2.3.2 含钢率影响分析

含钢率是钢管混凝土构件承载力计算的一个重要参数，等于钢管横截面积 A_s 与核心混凝土横截面积 A_c 之比。含钢量 α 的计算公式为：

$$\alpha=\frac{A_s}{A_c}=\frac{\pi r_0^2-\pi(r_0-t)^2}{\pi(r_0-t)^2}=\left(\frac{r_0}{r_0-t}\right)^2-1 \tag{6.1}$$

式中，r_0 为钢管外径；t 为钢管壁厚。

由式（6.1）可以看出，含钢率主要与钢管外径、钢管壁厚有关。本书采用的钢管外径均为 100mm，壁厚分别为 2mm、3mm、4mm，考察含钢率的影响主要是通过改变钢管壁厚来实现的。

对比表 6.1、图 6.5 中的 GP3、GP4、GP5，随壁厚的增大，构件极限承载力亦增大，与 GP3 相比，GP4 极限承载力增大了 12.6%，GP5 极限承载力增大了 22.7%。主要原因是，钢管混凝土在弹性阶段和弹塑性阶段受力主要由钢管承受，钢管壁厚越大，抵抗变形的能力越强，因而弹性极限和屈服点越高；在强化阶段，由于钢管塑性的发展，荷载增量主要由核心混凝土负担，核心混凝土横向变形迅速增大，因而径向推挤钢管，钢管对核心混凝土形成约束效应，混凝土承载力的提高超过了钢管纵向内力的减小，形成强化段。

由图 6.6(b) 可知，尽管钢管混凝土管壁壁厚不同，但荷载 - 轴向变形关系曲线发展规律相同，均具有明显的弹性阶段、弹塑性阶段和强化阶段。GP5 的屈服点最大，GP3 的屈服点最小，说明壁厚越大，钢管承载力越强。试件破坏时，GP5 轴向变形最大，GP3 的轴向变形最小，主要是由于在强化阶段，壁厚越大的钢管对核心混凝土的紧箍力越大，提升了其承载力。

图 6.7(b) 所示不同壁厚钢管自密实混凝土荷载 - 应变关系，与荷载 - 轴向变形关系基本一致，同样是轴向应变大于环向应变。

6.2.3.3 水胶比影响分析

水胶比是影响自密实混凝土抗压强度大小的主要因素，水胶比越大，抗压强度越小；水胶比越小，抗压强度越大。在其他因素保持不变的情况下，胶水比与抗压强度存在近似直线的关系。

对比表 6.1、图 6.5 中 GP3 、GP7、GP8，随水胶比的增大，钢管混凝土极限承载力下降。与 GP3 相比，GP7 降低了 8.5%；GP8 降低了 16.6%。主要是由于水胶比增大，自密实混凝土抗压强度下降，降低了钢管自密实混凝土的承载力。与本书 3.2.3 小节中所述水胶比对抗压强度的影响相比（与 SCC3 相比，SCC6 的 28d 抗压强度降低了 16%，SCC7 的 28d 抗压强度降低了 33%），水胶比增大，钢管混凝土极限承载力的下降幅度明显低于混凝土抗压强度的下降幅度，主要原因在于水胶比越大，核心混凝土自应力越大，钢管对其施加的初始预应力越大。由于有初始预应力的存在，钢管和混凝土的协同工作能力提升，承载能力得到提高，补偿了一部分由于水胶比增大导致的承载力下降幅度。

如图 6.6(c) 所示，水胶比的不同，只会影响钢管自密实混凝土的承载力，对荷载 - 变形曲线的发展规律没有影响。试件破坏时，GP8 的轴向变形最大，承载力最小，主要是由于核心混凝土强度低导致的。

如图 6.7(c) 所示，试件破坏时，GP8 的环向应变和轴向应变最大，GP3 最小。

6.2.3.4 掺入硫酸钠的影响分析

前面的研究表明，掺入硫酸钠激发剂，可以促进硬石膏的溶解，提高脱硫渣早期凝结硬化速度，因此可以提高自密实混凝土的早期强度，但与此同时，会导致体积膨胀增大。

由表 6.1、图 6.5 可知，与 GP3 相比，GP9 的极限承载力提高了 15.3%。与本书 3.2.3 小节中所述硫酸钠对混凝土抗压强度影响（28d 抗压强度提高了 2.9%）相比，同样配比的自密实混凝土制作成钢管混凝土，承载力得到了大幅提高。主要原因在于，硫酸钠的掺入，增大了自密实混凝土的体积膨胀，提高了钢管对核心混凝土的紧箍力，增强了核心混凝土和钢管在轴压时协同工作的能力。

由图 6.6(d) 可知，与 GP3 相比，GP9 不仅承载力得到了提高，而且破坏时，轴向变形更大，说明钢管混凝土的延性得到了提升。

由图 6.7(d) 荷载 - 应变图可以看出，在弹性阶段，GP9 应变比 GP3 小。试件破坏时，GP9 的极限应变比 GP3 大。

6.2.3.5 自应力影响分析

各组试件的自应力和极限承载力的对应关系如表 6.2 所示。

表 6.2 钢管自密实混凝土自应力和极限承载力的对应关系

组别	钢管环向应力 σ_θ /MPa	钢管轴向应力 σ_z /MPa	核心混凝土径向压应力 q/MPa	核心混凝土轴向压应力 σ_{cz} /MPa	核心混凝土 28d 抗压强度 /MPa	极限承载力 /kN
GP1	−6.11	−3.87	−0.25	−0.32	57.1	431.29
GP2	−1.40	−0.95	−0.06	−0.08	52.4	486.43
GP3	14.56	9.95	0.61	0.83	55.5	576.43
GP4	12.94	8.20	0.83	1.05	55.5	648.96
GP5	11.21	7.12	0.97	2.48	55.5	707.44
GP6	31.49	21.11	1.31	1.76	48.8	422.20
GP7	40.47	26.81	1.69	2.23	46.6	527.45
GP8	53.22	36.39	2.22	3.03	37.1	480.89
GP9	19.37	13.17	0.81	1.10	57.1	664.69

核心混凝土自应力的大小主要与磨细脱硫渣和激发剂掺量、水胶比、钢管壁厚有关。由表 6.2 可知，自应力的存在能够提高钢管混凝土的极限承载力，对钢管混凝土极限承载力有显著影响。详细分析如下。

随磨细脱硫渣掺量由 0、10%、30%、50% 不断增加，对应的构件 GP1、GP2、GP3、GP6 的自应力相应增大，而核心混凝土的抗压强度先减小后增大再减小，而构件极限承载力先增大后减小。与核心混凝土 28d 抗压强度相比，由于钢管约束对核心混凝土形成了紧箍力，GP3、GP6 极限承载力得到了大幅度提高。可见，自应力对构件承载力有提升作用。从试验结果来看，GP3 的极限承载力最大，是 GP1 的 1.3 倍；而 GP6 的极限承载力仍小于 GP1，说明对极限承载力起决定作用的仍是核心混凝土的抗压强度，初始自应力与极限承载力并非正比关系。

GP3、GP4、GP5 壁厚不断增大，自应力也随之增大，测得的钢管混凝土极限承载力亦不断增大。

GP3、GP7、GP8 水胶比不断增大，自应力不断增大，核心混凝土 28d 抗压强度不断减小，钢管混凝土极限承载力也不断减小。与 GP3 相比，GP7、GP8 核心混凝土 28d 抗压强度降低了 16%、33%；而钢管混凝土极限承载力仅降低 8.5%、16.6%，自应力对于钢管混凝土极限承载力有明显的提升作用。

脱硫渣掺量同为 30% 的 GP3 、GP7、GP8，由于自应力的增大，GP7、GP8 的极限承载力得到了提升，但由于自应力增大幅度有限，其极限承载力并没有超过 GP3。与核心混凝土水胶比为 0.3 未掺磨细脱硫渣的 GP1 相比，水胶比是 0.34 和 0.38 的 GP7 和 GP8，极限承载力均大幅超过了 GP1，GP7 是 GP1 的 1.23 倍，GP8 是 GP1 的 1.12 倍。尽管核心混凝土抗压强度下降了，但由于自应力的增大，最终钢管混凝土的极限承载力得到了提高，说明自应力对钢管混凝土承载力有明显的提升作用。

与 GP3 相比，掺入 1.5% 硫酸钠激发剂的 GP9，其自应力增大，核心混凝土 28d 抗压强度增大了 2.9%，钢管混凝土极限承载力提高了 15.3%，可见自应力对钢管混凝土极限承载力有显著的影响。

6.3 磨细脱硫渣钢管自密实混凝土短柱承载力计算方法

6.3.1 普通钢管混凝土短柱承载力计算方法

钢管混凝土结构从最早应用于工程，距今已有一百多年的历史。从 20 世纪 50 年代起，就已经开始了对钢管混凝土的深入研究和大范围应用。钢管混凝土结构最早主要用于工业厂房和拱桥中。20 世纪 60 年代后，随着钢管混凝土承载力计算方法理论上的突破，欧美、日本等发达国家开始将其应用于高层建筑。

20 世纪 50 年代末，我国开始对钢管混凝土结构进行研究和应用。科研人员在对钢管混凝土结构进行系统研究后，形成了一系列研究成果，其中主要著作有：《三向应力混凝土》（蒋家奋等编著）、《钢管混凝土结构的计算与应用》（蔡绍怀编著）和《钢管混凝土结构》（钟善桐编著）。

为了将理论研究成果应用于工程实践，国内外科研人员将理论和计算公式编入了规范。主要有：美国的ACI318，SSLC和LRFD系列；日本建筑学会的AIJ；英国的CP110，CP117，BS5400，BS449；欧洲的EC4；德国的DIN18800；等。我国也先后颁布了多项国家和地方设计规程，如《钢管混凝土结构设计与施工规程》（CECS 28—1990）、《钢-混凝土组合结构设计规程》（DL/T 5085—1999）、《钢管混凝土结构技术规程》（CECS 28—2012）、《钢管混凝土结构技术规范》（GB 50936—2014）、《组合结构设计规范》（JGJ 138—2016）和《钢-混凝土组合结构设计规程》（DL/T 5085—2021）等。

下面就我国两部典型的计算理论编制的规程，电力行业编制的《钢-混凝土组合结构设计规程》（DL/T 5085—1999）和中国工程建设标准化协会编制的《钢管混凝土结构技术规程》（CESC 28—2012），介绍一下有关圆形截面钢管混凝土短柱的计算方法。

6.3.1.1 《钢-混凝土组合结构设计规程》（DL/T 5085—1999）计算方法

该规程采用钟善桐教授提出的钢管混凝土统一理论，将钢管混凝土看作一种“组合材料”，作为一个整体考虑。钢管混凝土承载力 N_s 通过组合轴压强度来进行控制。计算公式如下：

$$N_s = \varphi f_{sc} A_{sc} \tag{6.2}$$

式中，φ 为轴心受压稳定系数，与构件长细比（L_0/d）和钢材型号有关，$\varphi=4L_0/d$；A_{sc} 为钢管混凝土的截面面积；f_{sc} 为钢管混凝土组合轴压强度，按式（6.3）计算：

$$f_{sc} = (1.212 + \eta_s \xi_0 + \eta_c \xi_0^2) f_c \tag{6.3}$$

式中，η_s 和 η_c 是计算系数，$\eta_s = 0.1759 f_y/235+0.974$，$\eta_c = -0.1038 f_{ck}/20+0.0309$；$f_{ck}$ 和 f_c 分别为混凝土轴心抗压强度标准值和设计值；$\xi_0 = A_s f / A_c f_c$，为构件截面的套箍系数设计值。

6.3.1.2 《钢管混凝土结构技术规程》（CECS 28—2012）计算方法

与《钢 - 混凝土组合结构设计规程》（DL/T 5085—1999）不同,《钢管混凝土结构技术规程》（CECS 28—2012）采用的是极限平衡理论。极限平衡理论下，其极限荷载值直接根据结构处于极限状态时的平衡条件计算得到，不考虑加载过程和变形情况。通过大量的试验数据，规范 CECS 28—2012 得出这样的结论：不管加载方式和传力途径如何，钢管在达到屈服极限而发生塑性变形之后，不同加载方式下钢管和混凝土的应力状态趋于一致，即钢管处于纵向受压 - 环向受拉的双向应力状态，而混凝土处于三向受力状态。在其他条件相同时，对钢管混凝土短柱采用不同的加载方式，不会影响其极限承载力。钢管混凝土轴压短柱承载力按极限平衡理论推导的设计值 N_0 的计算公式为：

当 $0.5<\theta\leqslant[\theta]$ 时，

$$N_0 = 0.9A_c f_c(1+\alpha\theta) \tag{6.4}$$

当 $[\theta]<\theta<2.5$ 时，

$$N_0 = 0.9A_c f_c(1+\sqrt{\theta}+\theta) \tag{6.5}$$

式中，θ 为钢管混凝土的套箍指标，$\theta = A_a f_a / A_c f_c$；$\alpha$ 是与混凝土强度等级有关的系数；$[\theta]$ 是与混凝土强度等级有关的套箍指标界限值。

表 6.3 列出了采用 DL/T 5085—1999 和 CECS 28—2012 两部规程的承载力计算结果。从计算结果来看，除 GP1 和 GP3 外，其余构件的承载力，规程 CECS 28—2012 的计算值均比规程 DL/T 5085—1999 的计算值要高，但平均仅高 3%，总体上应用两部规程计算结果差别不大。

表 6.3 承载力计算结果对比

编号	壁厚 /mm	外径 /mm	含钢率	套箍系数（套箍指标）	计算承载力 /kN	
					DL/T 5085—1999	CECS 28—2012
GP1	2	100	0.085	0.6899	402.17	386.97
GP2	2	100	0.085	0.7518	381.68	396.58

续表

编号	壁厚 /mm	外径 /mm	含钢率	套箍系数（套箍指标）	计算承载力 /kN	
					DL/T 5085—1999	CECS 28—2012
GP3	2	100	0.085	0.7098	395.19	382.13
GP4	3	100	0.132	1.0992	463.45	479.11
GP5	4	100	0.181	1.5142	524.86	574.05
GP6	2	100	0.085	0.8072	366.02	385.70
GP7	2	100	0.085	0.8454	356.47	379.05
GP8	2	100	0.085	1.0618	315.47	350.33
GP9	2	100	0.085	0.6899	402.17	386.97

6.3.2 磨细脱硫渣钢管自密实混凝土短柱承载力计算方法

大连理工大学徐磊博士针对钢管自应力自密实混凝土短柱承载力计算进行研究，探究了自应力对承载力的影响，提出了自应力水平（即自应力值与核心混凝土强度的比值）的概念，并在《钢 - 混凝土组合结构设计规程》（DL/T 5085—1999）计算公式的基础上，引入自应力提高系数，推导出相应计算公式。尚作庆博士在徐磊博士研究的基础上，提出了强度提高系数，得出了相应的计算公式。此外，还找出了自应力水平与提高系数的关系。他们的研究成果为钢管自应力自密实混凝土短柱承载力的计算提供了参考。

脱硫渣的膨胀性是由其自身化学成分和矿物组成决定的，是研究人员公认的特性。本文前面章节的研究表明，脱硫渣自密实混凝土在磨细脱硫渣达到一定掺量后，会形成自应力，尽管与自应力混凝土相比，自应力值较小，但对钢管自密实混凝土的承载力有较大影响。因此，在计算脱硫渣钢管自密实混凝土短柱承载力时，需要考虑初始自应力的影响。

初始自应力的大小与很多因素有关，如混凝土组成材料的品种、掺合料的掺量、外加剂的用量、约束条件等。混凝土组成材料配比的诸多不同，还会影响混凝土的强度。而核心混凝土强度是钢管混凝土承载力计算的主要参数。因此，在混凝土强度不同的情况下，研究自应力的影响没有意义。而自应力水平可同时考虑自应力和混凝土强度两个因素，更具现实意义。

针对本章所述 9 组试件，可分别计算出其自应力水平，下文将详细分析。

6.3.2.1　试验值与规范计算值对比

掺入磨细脱硫渣配制的自密实核心混凝土由于受到钢管的约束，当脱硫渣掺量超过一定值时，在加载之前会形成膨胀自应力。这样，在加载之前混凝土的轴向、环向就因受到压力作用而处于三向受压状态。处于三向受压状态下的混凝土，由于侧向压力的作用，其在轴向荷载作用下产生的横向变形，可以抵抗和弥补混凝土轴压时内部微裂缝的形成和发展。由于核心混凝土的膨胀和钢管的约束作用，从开始加载便形成了混凝土的侧向约束力，延长了二者协调工作的时间，因而可以提高钢管混凝土结构的力学性能和工作性能。三向受压状态是混凝土最理想的受力形式。

表 6.4 列出了采用 DL/T 5085—1999 和 CECS 28—2012 两部规程计算的短柱承载力与试验结果的对比情况。从结果来看，所有试验值均比依据规程计算的计算值要大。GP1 和 GP6 的试验值和计算值差别最小；掺有硫酸钠激发剂的 GP9 的试验值与计算值相差最大，分别达到了两部规程计算值的 1.65 倍和 1.72 倍。总体上，试验值比计算值分别高 37% 和 33%。

大连理工大学徐磊和尚作庆博士在 DL/T 5085—1999 的基础上，找出了自应力水平与试验值、计算值比值之间的关系。在水灰比相同，核心混凝土强度、含钢率和自应力值不同的情况下，自应力水平与试验值、计算值比值呈二次抛物线变化，说明随着自应力水平的提高，承载力不是无限提高，其存在一个峰值，即自应力水平存在一个最佳值。其原因在于混凝土膨胀时，产生径向压应力的同时，由于“泊松比效应”，也产生了轴向压应力。随着自应力水平的提高，径向压应力提高，约束效应增强，承载力提高；但另一方面，轴向压应力也不断提高。轴向压应力的存在相当于预加了部分荷载，会在一定程度上削弱侧向压应力，当轴向压应力的不利影响超过了径向压应力的约束效应时，就会导致承载力测试值降低。

《钢管混凝土结构技术规程》（CECS 28—2012）是中国工程建设标准化协会制定的钢管混凝土结构技术规程，借鉴了国外最新规范，具有广泛的指导意义。《钢管混凝土结构技术规范》（GB 50936—2014）和《组合结构设计规范》（JGJ 138—2016）均是在此基础上编制的。本书依据 CECS 28—2012 对表 6.4 中的数据绘制散点图，令 $\zeta = N_u / N_0$，为承载力提高系数，结果如图 6.8 所示。

表 6.4　短柱承载力规范计算值与试验值比较

编号	自应力水平 η	N_s	N_0	N_u	N_u/N_s	N_u/N_0
GP1	−0.0094	402.17	386.97	431.29	1.0724	1.1145
GP2	−0.0025	381.68	396.58	486.43	1.2744	1.2266
GP3	0.0237	395.19	382.13	576.43	1.4586	1.5085
GP4	0.0322	463.45	479.11	648.96	1.4003	1.3545
GP5	0.0376	524.86	574.05	707.44	1.3479	1.2324
GP6	0.0578	366.02	385.70	422.20	1.1535	1.0946
GP7	0.0781	356.47	379.05	527.45	1.4796	1.3915
GP8	0.1289	315.47	350.33	480.89	1.5244	1.3727
GP9	0.0306	402.17	386.97	664.69	1.6528	1.7177

注：N_s 为依据规范 DL/T 5085—1999 计算所得短柱极限承载力；N_0 为依据规范 CECS 28—2012 计算所得短柱极限承载力；N_u 为试验实测短柱极限承载力。

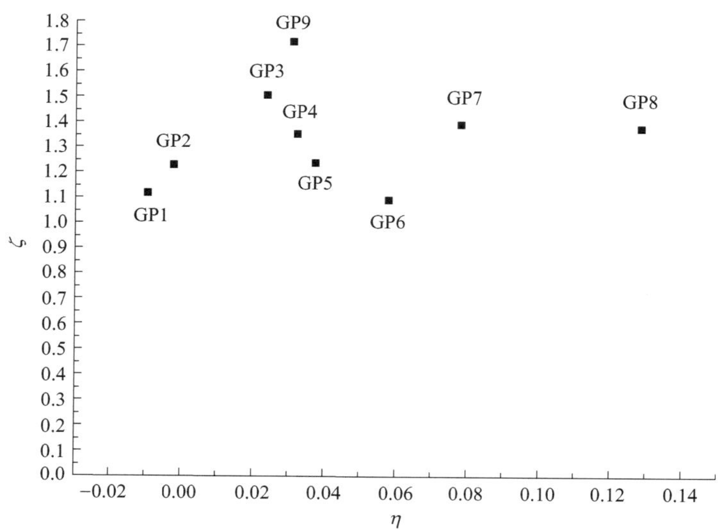

图 6.8　自应力水平与承载力提高系数关系图

6.3.2.2 自应力水平与承载力提高系数的关系分析

(1) 磨细脱硫渣掺量的影响

不同磨细脱硫渣掺量的试件（GP1 ～ GP3、GP6），对其自应力水平与承载力提高系数进行抛物线拟合，如图 6.9 所示，得到拟合关系式为：

$$\zeta = 1.263 + 12.12\eta - 270\eta^2 \tag{6.6}$$

磨细脱硫渣掺量不同的 GP1、GP2、GP3、GP6 试件中，GP3 的承载力提高系数最大，GP6 最小，说明 30% 掺量最能提高钢管混凝土的承载力，50% 掺量对钢管混凝土承载力提高幅度最小。

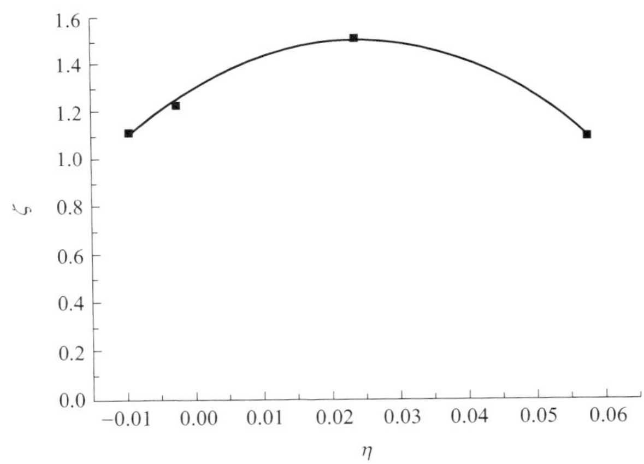

图 6.9 不同磨细脱硫渣掺量下自应力水平与承载力提高系数拟合曲线

(2) 含钢率的影响

不同含钢率的试件（GP3、GP4、GP5），对其数据进行线性拟合，如图 6.10 所示，得到拟合关系式为：

$$\zeta = 1.9793 - 19.7\eta \tag{6.7}$$

对于含钢率不断增大的 GP3、GP4、GP5 试件，虽然承载力同样不断增大，但承载力提高系数却是减小的，自应力水平和承载力提高系数基本符合直线关系。

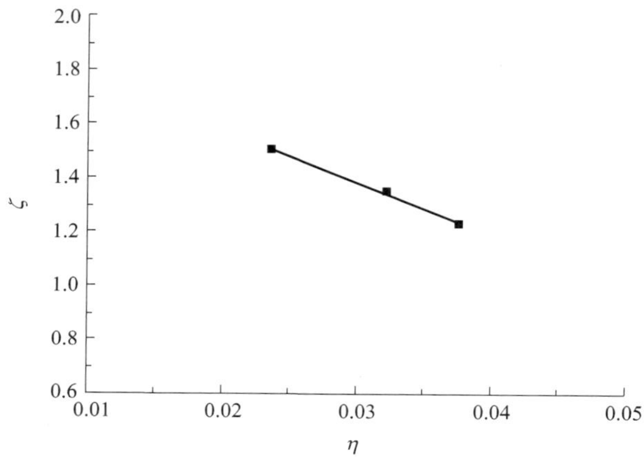

图 6.10 不同含钢率下自应力水平与承载力提高系数拟合曲线

（3）水胶比的影响

对3组不同水胶比的试件GP3、GP7、GP8进行抛物线拟合，如图6.11所示，得到拟合关系式为：

$$\zeta = 1.5907 - 3.871\eta + 16.914\eta^2 \tag{6.8}$$

由图 6.11 可以看出，随水胶比增大，曲线是下降的，说明水胶比增大，承载力提高系数减小。

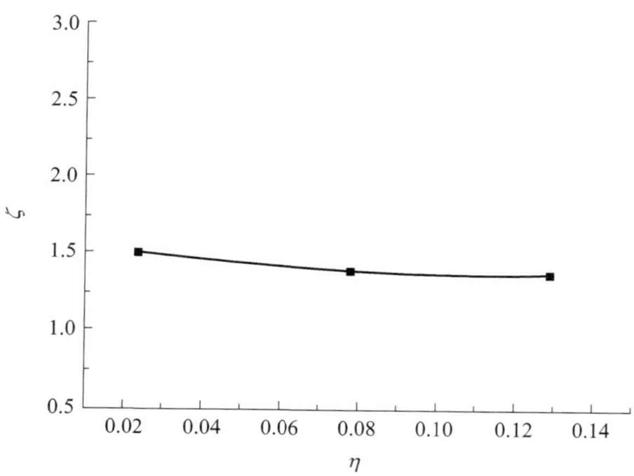

图 6.11 不同水胶比下自应力水平与承载力提高系数拟合曲线

(4) 掺入硫酸钠的影响

与 GP3 相比，掺入硫酸钠激发剂的 GP9 在自应力水平提高的同时，承载力提高系数也增大。说明硫酸钠激发剂对于钢管混凝土的承载力有明显的提升作用。

6.4 磨细脱硫渣钢管自密实混凝土短柱轴压性能有限元分析

目前，有限元法是钢管混凝土力学性能研究的主要方法之一。该方法通过将钢管、混凝土离散化，将原来的连续介质通过有限个单元的组合体来表征，能够很好地反映钢管混凝土构件承受轴向荷载时，钢管和核心混凝土的三向受力状态。其特点是适用性好，精度高。

应用有限元软件进行计算时，混凝土应力 - 应变关系模型的构建非常重要，其能否真实反映三向应力状态下的受力和变形特点，将直接影响计算的精度。本文采用 ABAQUS 软件分析脱硫渣钢管混凝土短柱的轴压力学性能。

6.4.1 有限元模型的建立

6.4.1.1 钢材的本构关系模型

在轴压短柱的模拟中，钢材采用满足 Von Mises 屈服准则的等向弹塑性模型。本研究中所用钢管的钢材属建筑工程中常用的低碳软钢，钢材的应力 - 应变曲线一般可以分为五个阶段，即：线弹性段（Oa）、弹塑性段（ab）、塑性段（bc）、强化段（cd）和二次塑流段，如图 6.12 所示。式（6.9）给出了应力 - 应变关系的数学表达式。在建立有限元模型时，钢材弹性阶段的泊松比取 0.3，弹性模量 E_s 依据表 3.1 取用。

$$
\sigma_s=\begin{cases}E_s\varepsilon_s & \varepsilon_s\leqslant\varepsilon_e\\ -A\varepsilon_s^2+B\varepsilon_s+C & \varepsilon_e<\varepsilon_s\leqslant\varepsilon_{e1}\\ f_y & \varepsilon_{e1}<\varepsilon_s\leqslant\varepsilon_{e2}\\ f_y\left(1+0.6\dfrac{\varepsilon_s-\varepsilon_{e2}}{\varepsilon_{e3}-\varepsilon_{e2}}\right) & \varepsilon_{e2}<\varepsilon_s\leqslant\varepsilon_{e3}\\ 1.6f_y & \varepsilon_s>\varepsilon_{e3}\end{cases}\tag{6.9}
$$

式中，f_y 为钢材屈服强度；$\varepsilon_e=0.8f_y/E_s$；$\varepsilon_{e1}=1.5\varepsilon_e$；$\varepsilon_{e2}=10\varepsilon_{e1}$；$\varepsilon_{e3}=100\varepsilon_{e1}$；$A=0.2f_y/(\varepsilon_{e1}-\varepsilon_e)^2$；$B=2A\varepsilon_{e1}$；$C=0.8f_y+A\varepsilon_e^2-B\varepsilon_e$。

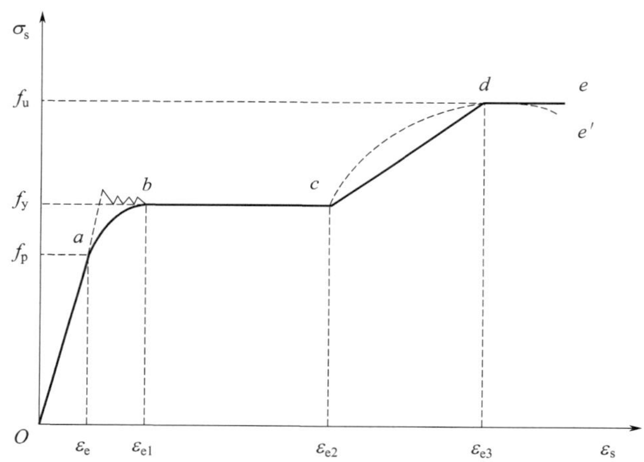

图 6.12 钢材的应力 - 应变关系

6.4.1.2 磨细脱硫渣自密实混凝土的本构关系模型

混凝土的本构关系是指混凝土在施加外部荷载作用下的应力 - 应变关系。混凝土的本构关系模型对于混凝土结构的非线性分析影响很大。由于混凝土的复杂性，公认的可以完全描述混凝土材料的本构关系理论还没有形成。在建立混凝土本构关系时，通常的做法是基于已有的基础理论，结合混凝土的性能，对混凝土各种材料的参数进行调整或修正。现阶段研究较多、使用较多的是混凝土的塑性损伤模型。

在有限元分析中，主要通过定义屈服面来表征核心混凝土在围压下的强度提高情况，而混凝土的应力 - 塑性应变关系曲线则可以描述其塑性性能。以往研究表明，混凝土在约束条件下受力，其塑性会有所增加。一方面，与峰值应力相对应的应变有所增大；另一方面，应力 - 应变关系曲线下降段呈平缓趋势。刘威在总结以往研究成果的基础上，对峰值应变和应力 - 应变关系曲线下降段进行了修正，提出了如式（6.10）所示的混凝土单轴应力 - 应变关系表达式：

$$y=\begin{cases}2x-x^2 & x\leqslant 1\\ \dfrac{x}{\beta(x-1)^\eta+x} & x\geqslant 1\end{cases} \tag{6.10}$$

式中，$x=\dfrac{\varepsilon}{\varepsilon_0}$；$y=\dfrac{\sigma}{\sigma_0}$；$\sigma_0=f_c$；$\varepsilon_0=\varepsilon_c+800\times\xi^{0.2}\times10^{-6}$；$\varepsilon_c=383f_{cu}^{7/18}\times10^{-6}$；

$$\eta=\begin{cases}2 & \text{（圆钢管混凝土）}\\ 1.6+1.5/x & \text{（方钢管混凝土）}\end{cases}$$

$$\beta=\begin{cases}(2.36\times10^{-5})^{[0.25+(\xi-0.5)^{0.7}]}\times f_c^{0.5}\times0.5\geqslant 0.12 & \text{（圆钢管混凝土）}\\ \dfrac{f_c^{0.1}}{1.2\sqrt{1+\xi}} & \text{（方钢管混凝土）}\end{cases}$$

本书采用上述核心混凝土的本构关系模型进行有限元分析，其中 ξ 为钢管对脱硫渣自密实混凝土的约束效应系数，$\xi=A_sf_y/(A_cf_c)$。f_c 为混凝土轴心抗压强度设计值。

6.4.1.3 钢材与混凝土之间的相互作用

通过定义接触对，可以实现对钢管内壁与混凝土之间的相互作用的表征，在接触对中需要定义主面和从面。主面为法向刚度大的混凝土，从面为钢管内壁。采用库仑摩擦来模拟钢管内壁和混凝土的界面切向力，界面可以传递剪应力，直到剪应力达到临界值 τ_{crit}，界面之间发生相对滑动，在滑动过程中界面剪应力保持为 τ_{crit} 不变。剪应力临界值 τ_{crit} 与界面接触压力成比例，且不小于平均界面黏结力 τ_{bond}，即：

$$\tau_{crit} = \mu \cdot p \geqslant \tau_{bond} \tag{6.11}$$

式中，μ 为界面摩擦系数，取为 0.25；p 为界面接触压力；钢管与核心混凝土之间的平均界面黏结力，对于圆钢管混凝土可根据 Roeder 的研究成果，按下式确定：

$$\tau_{bond} = 2.314 - 0.0195 \cdot (d / t) \text{（N/mm}^2\text{）} \tag{6.12}$$

式中，d 为核心混凝土的直径；t 为钢管壁厚。

6.4.2 单元类型的选取

ABAQUS 是应用高斯积分法计算在各个积分点的材料响应。依据计算方法积分形式的不同，分为完全积分和减缩积分。其中完全积分的高斯积分的积分点越多，单元的形状越规则，对单元刚度矩阵的多项式积分越精确。但是，在弯曲荷载作用下，积分元件容易出现锁定剪切，这将导致计算结果存在很大误差。为避免来自平面完全积分所导致的剪力自锁，本文中脱硫渣自密实混凝土及钢管的实体单元均采用减缩积分。故本文构建均采用实体建模，单元均选取为 C3D8R；并选取整个模型进行计算。网格划分如图 6.13 所示。

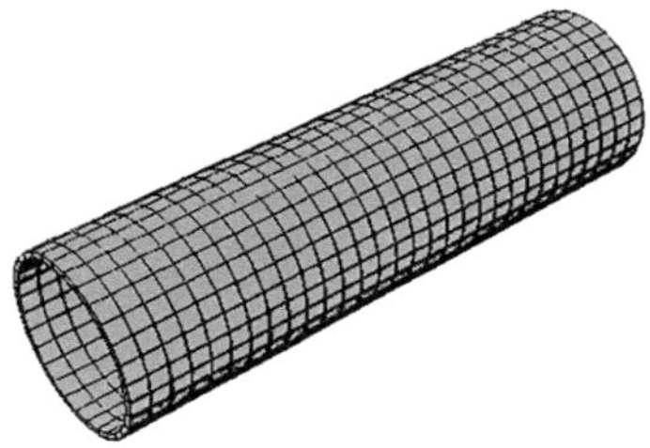

(a) 钢管

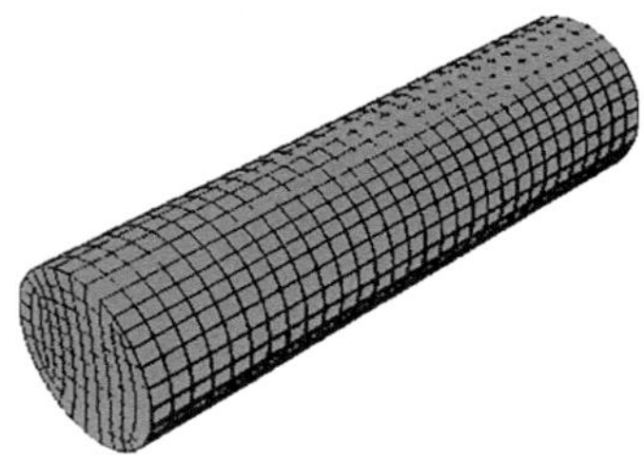

(b) 混凝土

图 6.13 单元网格划分

6.4.3 设置边界条件和施加荷载

采用上述混凝土和钢材的本构关系，本文建立了钢管混凝土短柱的有限元模型。假设钢管混凝土计算过程符合平截面假定。

脱硫渣钢管自密实混凝土轴压构件由于自应力的存在，其力学性能与普通钢管混凝土构件相比具有一定的优越性。依据计算得到的各构件初始自应力，编写 FORTRAN 子程序，通过 ABAQUS 子程序接口，完成初应力的施加。

钢管混凝土短柱轴压构件取整个模型进行计算，采用 C3D8R 单元定义钢管和混凝土。加载端采用解析刚体（analytical rigid），采用 Tie 约束方式和钢管、核心混凝土连接。钢管混凝土的底部采用固定端约束。除了轴向的线位移外，对柱顶处的其他方向自由度施加约束。采用位移加载来得到荷载 - 位移关系曲线的下降段。定义两个分析步，第一个分析步只施加很小的位移荷载使接触关系平稳地建立起来，然后在下一个分析步中再施加真实的位移荷载。

设置边界条件及施加荷载后，其模型如图 6.14 所示。

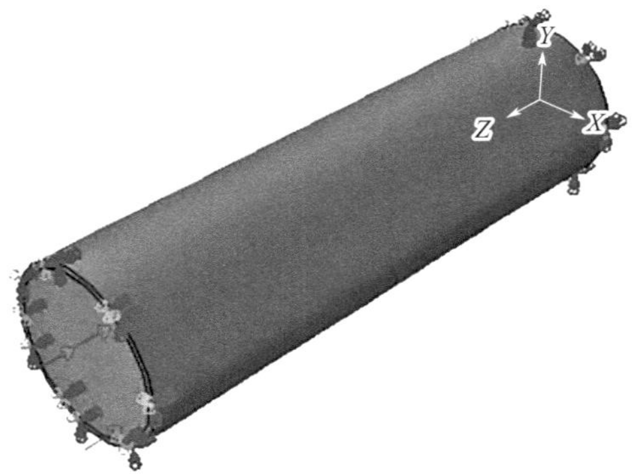

图 6.14 设置边界条件和施加荷载

6.4.4 有限元计算结果与试验结果对比

6.4.4.1 荷载 - 位移曲线对比

用 ABAQUS 计算所得的 9 个轴压短柱试件的荷载 - 位移曲线如图 6.15 所示。比较图 6.15 中计算曲线和试验曲线可知，两者的弹性阶段基本重合，弹塑性阶段相似，除 GP1 到达峰值后有下降段外，其余构件强化阶段规律基本一致。说明采用 ABAQUS 对短柱轴压试件进行模拟是可行的。

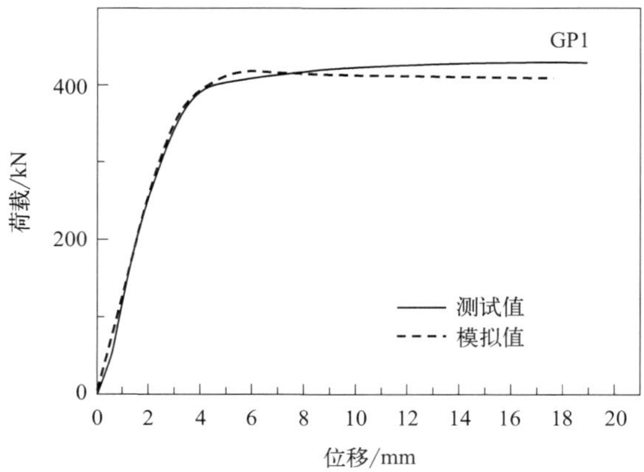

(a) GP1

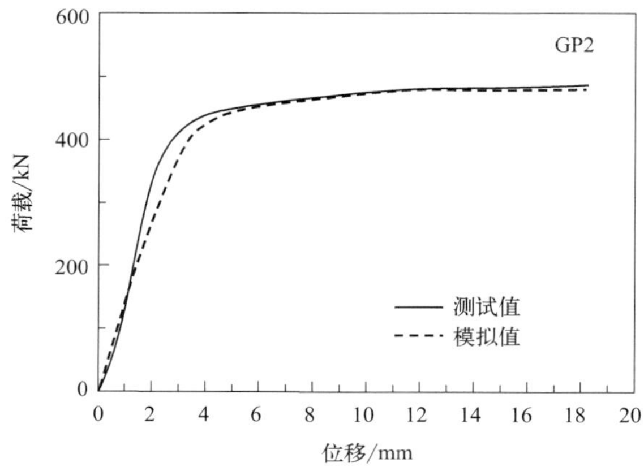

(b) GP2

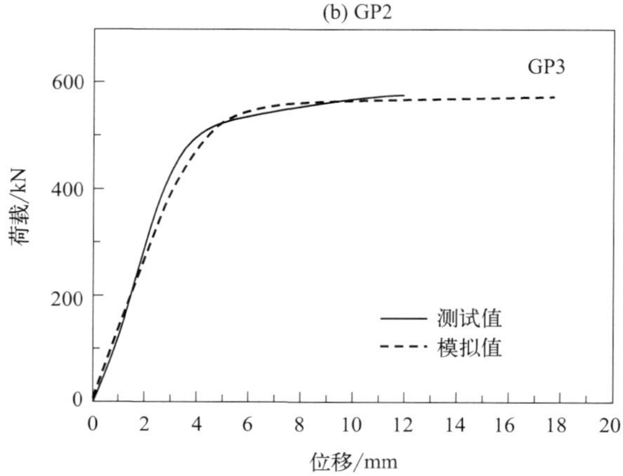

(c) GP3

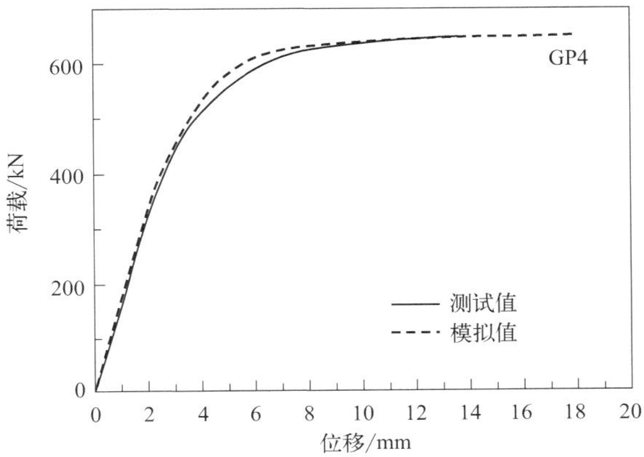

(d) GP4

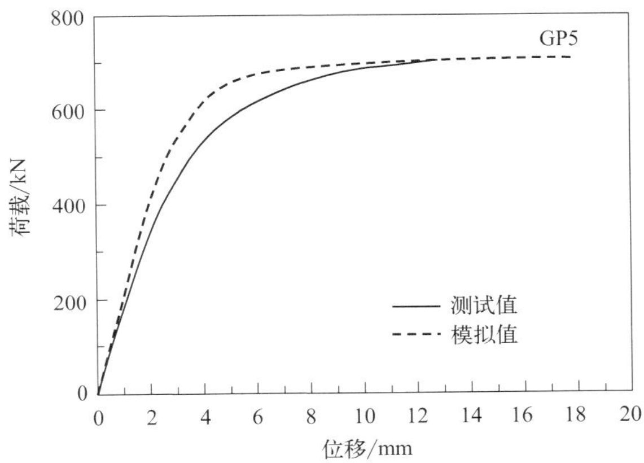

(e) GP5

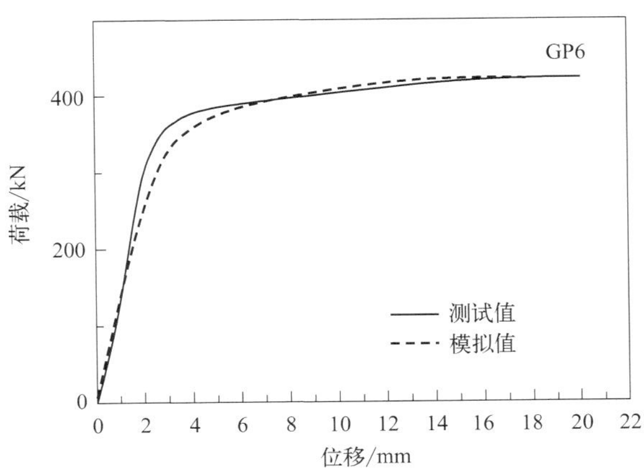

(f) GP6

图 6.15

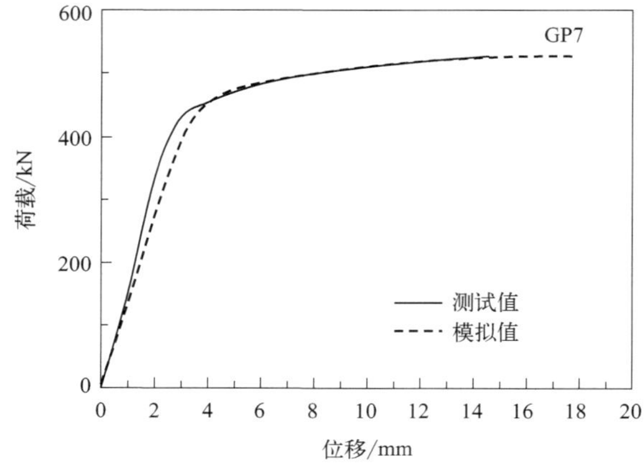

(g) GP7

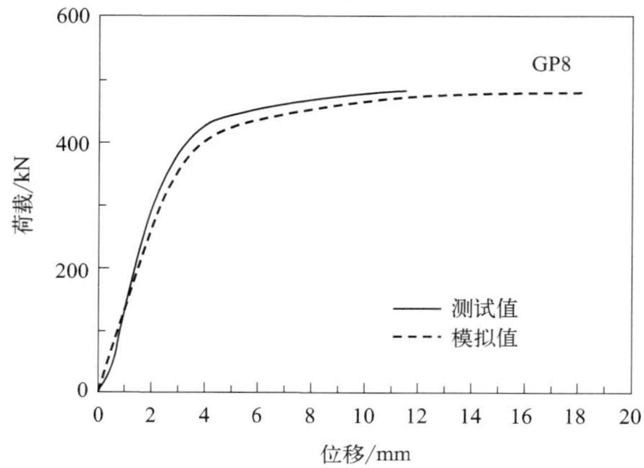

(h) GP8

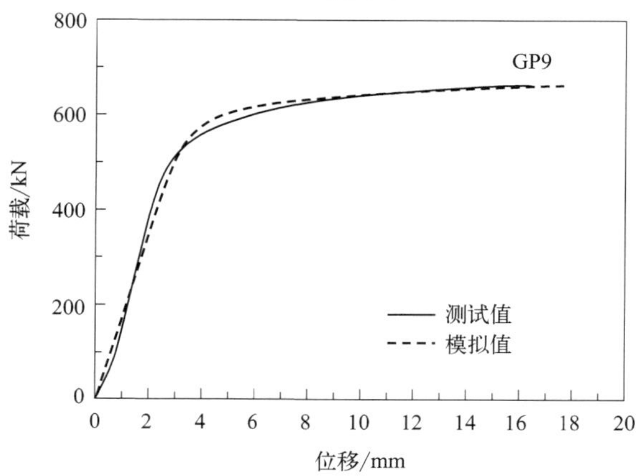

(i) GP9

图 6.15 荷载 - 位移曲线对比

6.4.4.2 轴压承载力对比

计算所得轴压短柱的极限承载力与试验所得的极限承载力的比较如表 6.5 所示。由表 6.5 中结果可知，试件承载力计算值和试验值的比值的平均值为 0.99，均方差为 0.002，变异系数为 0.013，可见承载力计算值和试验值较为吻合。

表 6.5 钢管自密实混凝土轴压短柱有限元计算结果与试验结果比较

试件编号	N_u /kN	N_a /kN	N_a/N_u
GP1	431.29	425.34	0.9862
GP2	486.43	483.21	0.9934
GP3	576.43	573.62	0.9951
GP4	648.96	647.98	0.9985
GP5	707.44	706.33	0.9984
GP6	422.20	418.54	0.9913
GP7	527.45	526.25	0.9977
GP8	480.89	476.33	0.9905
GP9	664.69	662.95	0.9974

注：N_u 为试验测得的短柱极限承载力；N_a 为 ABAQUS 计算所得的短柱极限承载力。

6.5 本章小结

本章对磨细脱硫渣钢管自密实混凝土短柱轴压性能进行了研究，对破坏形态、破坏过程、影响轴压承载力的主要因素进行了分析。依据《钢 - 混凝土组合结构设计规程》（DL/T 5085—1999）和《钢管混凝土结构技术规程》（CECS 28—2012）对承载力进行了计算，并与试验值对比分析，得到承载力提高系数。在此基础上，拟合得到脱硫渣掺量、含钢率、水胶比与承载力提高系数的关系曲线。采用 ABAQUS 有限元软件对短柱轴压试件进行有限元模拟，并与试验值进行了对比。得到的主要结论有：

① 试件破坏形式为延性破坏，破坏形态为剪切型多折腰鼓破坏。钢管自密实混凝土的荷载 - 应变曲线可以分为 3 个阶段，即弹性阶段、弹塑性阶段和强化阶段。

② 在脱硫渣掺量为 30% 时，钢管自密实混凝土短柱的极限承载力最高；掺量为 50% 时，钢管自密实混凝土短柱的极限承载力最低，这与混凝土抗压强度规律是一致的。说明核心混凝土抗压强度相对于自应力，是影响构件承载力的主要因素。试件的含钢率增大，极限承载力亦增大。随水胶比的增大，试件的极限承载力下降。水胶比增大时，钢管混凝土极限承载力的下降幅度明显低于混凝土抗压强度的下降幅度，主要原因在于自应力的影响。硫酸钠的掺入，同样会提高构件的承载力，提高幅度比混凝土抗压强度提高幅度大很多，主要是由于自应力增大的影响。核心混凝土自应力的大小主要与磨细脱硫渣和硫酸钠激发剂掺量、水胶比、钢管壁厚有关。混凝土内部存在的自应力能够提高钢管混凝土的极限承载力，其对钢管混凝土极限承载力有显著影响。

③ 所有构件极限承载力试验值均比依据《钢 - 混凝土组合结构设计规程》（DL/T 5085—1999）和《钢管混凝土结构技术规程》（CECS 28—2012）计算的计算值要大。掺有硫酸钠激发剂的 GP9 试件的试验值与计算值相差最大，分别达到了两项计算值的 1.65 倍和 1.72 倍。不同掺量、不同水胶比下，自应力水平与承载力提高系数的关系均符合二次多项式；而不同含钢率下，自应力水平与承载力提高系数符合线性关系。

④ 采用 ABAQUS 有限元软件进行模拟，得到的结果与试验结果基本一致，说明该方法可行。

· 参考文献 ·

[1] Deschamps R J. Using FBC and Stoker Ashes as Roadway Fill：A case study [J]. J. of Geotechnical and Geoenvironmental Eng.，1998，124（11）：1120-1127.

[2] 刘彦鹏，王勤辉，骆仲泱，等. 不同煤种下循环流化床灰渣特性的试验研究 [J]. 锅炉技术，2004，35（3）：18-22.

[3] 朱文尚. 循环流化床固硫灰特性及作水泥混合材应用的研究 [D]. 北京：中国建筑材料科学研究总院，2011.

[4] 王智. 流化床燃煤固硫渣特性及其建材资源化研究 [D]. 重庆：重庆大学，2002.

[5] 杨娟. 固硫灰渣特性及其作水泥掺合料研究 [D]. 重庆：重庆大学，2006.

[6] 钱觉时，郑洪伟，宋远明，等. 流化床燃煤固硫灰渣的特性 [J]. 硅酸盐学报，2008，36（10）：1396-1400.

[7] 王中强，余志武. 基于能量损失的混凝土损伤模型 [J]. 建筑材料学报，2004，7（4）：365-369.

[8] 宋远明，钱觉时，王智，等. 固硫灰渣的微观结构与火山灰反应特性 [J]. 硅酸盐学报，2006，34（12）：1542-1546.

[9] 苏达根，陈康，韩潇，等. 脱硫灰在水泥工业中的应用 [J]. 矿产综合利用，2006（5）：39-43.

[10] 何宏舟，过伟丽，陈洪，等. CFB 锅炉炉内脱硫灰渣的特性及其作水泥掺合料的实验研究 [J]. 能源与环境，2008（4）：57-58，63.

[11] 高廷源. 循环流化床锅炉脱硫灰渣特性及综合利用研究 [D]. 成都：四川大学，2004.

[12] 钱觉时，郑洪伟，王智，等. 流化床燃煤固硫灰渣活性评定方法 [J]. 煤炭学报，2006，31（4）：506-510.

[13] 王智，钱觉时. 流化床燃煤固硫渣火山灰活性评定的探讨 [J]. 重庆建筑大学学报，2006，28（6）：128-131.

[14] 宋远明，钱觉时，王智. 燃煤灰渣活性差异及来源研究 [J]. 粉煤灰综合利用，2006（6）：16-18.

[15] SHENG G，LI Q，ZHAI J. Investigation on the hydration of CFBC fly ash [J]，Fuel. 2012，98：61-66.

[16] 何科文，卢忠远，李军，等. 循环流化床固硫灰渣性能比较研究 [J]. 武汉理工大学学报，2014，36（3）：6-13.

[17] 宋远明，柴俊青，陈菲. 流化床燃煤固硫灰渣体积稳定性及影响因素研究 [J]. 粉煤灰，2010（1）：3-4，13.

[18] 王文龙，施正伦，骆仲泱，等. 流化床脱硫灰渣的特性与综合利用研究 [J]. 电站系统工程，2002，18（5）：19-21.

[19] J Blondin，E J Anthony. A Selective Hydration Treatment to Enhance the Utilization of CFBC Ash in Concrete [C]. 1995 Int. Conf. on FBC，Vol. 2：1123.

[20] Suzanne M Burwell，Edward J Anthony，Ediwin E Berry. Advanced FBC Ash Treatment Technologies [C]. 1995 Int. Conf. on FBC，Vol. 2：1137.

[21] 刘传亮，王勤辉. 循环流化床锅炉脱硫飞灰的水活化实验研究 [J]. 能源工程，2014 (2)：41-46.

[22] Fu X，LI Q，ZHAI J，et al. The physical–chemical characterization of mechanically-treated CFBC fly ash [J]. Cement and Concrete Composites，2008，30 (3)：220-226.

[23] 霍琳，李军，卢忠远，等. 粉磨超细化对循环流化床固硫灰水化特性的影响 [J]. 武汉理工大学学报，2013，35 (1)：27-33.

[24] 周向飞，郎春燕，陈小平，等. 激发脱硫灰渣对水泥微观结构的影响 [J]. 硅酸盐通报，2015，05：1435-1439.

[25] LI X-G，CHEN Q-B，MA B-G，et al. Utilization of modified CFBC desulfurization ash as an admixture in blended cements：Physico-mechanical and hydration characteristics [J]. Fuel，2012，102：674-680.

[26] LI X-G，CHEN Q-B，HUANG K-Z，et al. Cementitious properties and hydration mechanism of circulating fluidized bed combustion (CFBC) desulfurization ashes [J]. Construction and Building Materials，2012，36：182-187.

[27] 张晓燕. 循环流化床锅炉固硫灰制备混凝土膨胀剂的材料组成设计及性能研究 [D]. 广州：华南理工大学，2013.

[28] 赖振宇，彭艳华，吕淑珍，等. 循环流化床固硫灰渣低收缩水泥的制备及性能 [J]. 中国粉体技术，2012，18 (4)：57-61.

[29] SONG Y，QIAN J，LIU J，et al. Effect of curing conditions on the hydration and performance of CFBC ash cementitious system [J]. Journal of Wuhan University of Technology-Mater Sci Ed，2014，29 (1)：93-96.

[30] SHENG G，ZHAI J，LI Q，et al. Utilization of fly ash coming from a CFBC boiler co-firing coal and petroleum coke in Portland cement [J]. Fuel，2007，86 (16)：2625-2631.

[31] SUZANNE M Burwell，RAY K Kissel，ALAN E Bland. FBC Ash Concrete [J]. Fluidized Bed Combustion，1993，2.

[32] 杨城. 磨细固硫渣作为大流动性混凝土掺合料试验研究 [D]. 保定：河北农业大学，2011.

[33] 纪宪坤. 流化床燃煤固硫灰渣几种特性利用研究 [D]. 重庆：重庆大学，2007.

[34] 范晓玲. 固硫灰特性及其在水泥基自流平砂浆中的应用研究 [D]. 绵阳：西南科技大学，2012.

[35] 盛广宏，翟建平，李琴，等. 利用循环流化床锅炉脱硫灰制备注浆材料 [J]. 环境工程，2006，24 (1)：52-55.

[36] TANG H，LI X，LI M，et al. Properties and mechanism of CFBC fly ash-cement based stabilizers for lake sludge [J]. Journal of Wuhan University of Technology-Mater Sci Ed，2012，27 (4)：750-753.

[37] XIA Y，YAN Y，HU Z. Utilization of circulating fluidized bed fly ash in preparing non-autoclaved aerated concrete production [J]. Construction and Building Materials，2013，47：1461-1467.

[38] CHI M，HUANG R. Effect of circulating fluidized bed combustion ash on the properties of roller compacted concrete [J]. Cement and Concrete Composites，2014，45：148-156.

[39] CHEN X，YAN Y，LIU Y，et al. Utilization of circulating fluidized bed fly ash for the preparation of foam concrete [J]. Construction and Building Materials，2014，54：137-146.

[40] 黄鑫，夏举佩，周新涛. 循环流化床锅炉灰渣制备新型免烧砖的试验研究 [J]. 中国矿业，2014，23 (8)：150-151，156.

[41] ZHANG Z，QIAN J，YOU C，et al. Use of circulating fluidized bed combustion fly ash and slag in

autoclaved brick [J]. Construction and Building Materials, 2012, 35: 109-116.

[42] CHINDAPRASIRT P, RATTANASAK U. Utilization of blended fluidized bed combustion (FBC) ash and pulverized coal combustion (PCC) fly ash in geopolymer [J]. Waste Manag, 2010, 30 (4): 667-672.

[43] XU H, LI Q, SHEN L, et al. Synthesis of thermostable geopolymer from circulating fluidized bed combustion (CFBC) bottom ashes [J]. J Hazard Mater, 2010, 175 (1-3): 198-204.

[44] NGUYEN H-A, CHANG T-P, SHIH J-Y, et al. Influence of circulating fluidized bed combustion (CFBC) fly ash on properties of modified high volume low calcium fly ash (HVFA) cement paste [J]. Construction and Building Materials, 2015, 91: 208-215.

[45] 陈德玉，刘元正，李经宏. 利用流化床燃煤固硫灰制备混凝土膨胀剂的研究 [J]. 混凝土与水泥制品，2012 (1): 1-4.

[46] ZHU M, LIU J, WANG Q, et al. Experimental research on square steel tubular columns filled with steel-reinforced self-consolidating high-strength concrete under axial load [J]. Engineering Structures, 2010, 32 (8): 2278-2286.

[47] JGJ/T 283—2012, 自密实混凝土应用技术规程 [S].

[48] OKAMURA Hajime, OUCHI Masahiro. Self-compacting concrete: development, present use and future [A]. In: SKARENDAHL A, PETERSSON O eds. Proceedings of 1st International RILEM Symposium on Self-Compacting Concrete [C]. Paris: RILEM Publication SARL, 1999: 3-14.

[49] OZAWA K, MAEKAWA K, KUNISHIMA M, et al. Development of high performance concrete based on the durability design of concrete structures [A]. The Second East-Asia and Pacific Concrete on Structural Engineering and Construction (EASEC–2) [C]. Tokyo, Japan, 1989: 445-450.

[50] 黄维蓉，刘贞鹏，张忠明，等. 自密实混凝土的特点及性能研究综述 [J]. 混凝土，2014 (1): 108-110.

[51] 张旭. 高掺量复合矿物掺合料自密实混凝土研究 [D]. 重庆：重庆大学，2004.

[52] 张爱玲，陈晓霞. 复合超细粉配制自密实混凝土耐久性试验 [J]. 河南科技大学学报（自然科学版），2011，32 (5): 37-44.

[53] 俞振达，黄建淞，岳劲，等. 自密实 C60 高强高性能混凝土的配制及应用 [J]. 建筑技术，2012，43 (7): 643-645.

[54] 曹鹏飞，秦鸿根，庞超明. 掺石灰石粉自密实混凝土性能的研究 [J]. 施工技术，2005，34（增刊）: 35-37，43.

[55] 万惠文，刘离，陈伟. 利用稻壳灰配制自密实混凝土性能的研究 [J]. 武汉理工大学学报，2011，33 (7): 32-34，46.

[56] 马昆林，龙广成，谢友均. 橡胶颗粒对自密实混凝土性能的影响 [J]. 硅酸盐学报，2014，42 (8): 966-973.

[57] 李劲遐，孟志良. 固硫渣作为自密实混凝土掺和料实验研究 [J]. 墙材革新与建筑节能，2009 (12): 51-53.

[58] 董鹏程. 自密实混凝土优化配制及磨细固硫渣对其性能影响 [D]. 保定：河北农业大学，2010.

[59] 卢亦焱，陈娟，李杉. 钢管钢纤维高强混凝土短柱轴心受压试验研究 [J]. 建筑结构学报，2011，32 (10): 166-172.

[60] 孟志良，薛银生，董鹏程，等. 磨细固硫渣自密实混凝土碱度试验研究［J］. 四川建筑科学研究，2013，39（1）：199-202.

[61] 杨城，孟志良，董鹏程. 磨细固硫渣自密实混凝土碳化性能试验研究［J］. 混凝土，2011（3）：80-83.

[62] 阎培渝，廉慧珍，覃肖，等. 使用膨胀剂配制补偿收缩混凝土时需要注意的几个问题［J］. 硅酸盐学报，2000，28（12）：43-45.

[63] 孟志良，周炯，马晓伟，等. U型膨胀剂掺量对自密实混凝土收缩性能影响［J］. 混凝土，2013（8）：79-82.

[64] YAKHLAF M，SAFIUDDIN M，SOUDKI K A. Properties of freshly mixed carbon fibre reinforced self-consolidating concrete［J］. Construction and Building Materials，2013，46：224-231.

[65] BARLUENGA G，HERN NDEZ-OLIVARES F. Cracking control of concretes modified with short AR-glass fibers at early age. Experimental results on standard concrete and SCC［J］. Cement and Concrete Research，2007，37（12）：1624-1638.

[66] DEEB R，GHANBARI A，KARIHALOO B L. Development of self-compacting high and ultra high performance concretes with and without steel fibres［J］. Cement and Concrete Composites，2012，34（2）：185-190.

[67] 陈春珍，张金喜，陈炜林，等. 自密实混凝土配合比设计方法适用性的研究［J］. 混凝土，2009（12）：83-86.

[68] LE H T，MULLER M，SIEWERT K，et al. The mix design for self-compacting high performance concrete containing various mineral admixtures［J］. Materials & Design，2015，72：51-62.

[69] 罗素蓉，李豪. 纤维自密实混凝土力学性能及早期抗裂性能研究［J］. 广西大学学报（自然科学版），2010，35（06）：901-907，913.

[70] 刘赫凯，丁一宁. 钢纤维自密实混凝土管片力学性能的试验研究［J］. 建筑材料学报，2011，14（01）：10-13，21.

[71] 李韧，毕重，王玉，等. 短切玄武岩纤维自密实混凝土力学性能的试验研究［J］. 混凝土与水泥制品，2008（02）：48-50.

[72] 李铁慧，郑建岚. 聚丙烯纤维自密实混凝土配合比设计及力学性能的试验研究［J］. 福州大学学报（自然科学版），2005（S1）：138-142.

[73] 余志刚. 自密实混凝土简述［J］. 安徽建筑，2014（4）：89-91.

[74] 朱华. 钢管混凝土综述［J］. 混凝土，2009（8）：89-93.

[75] 张春晓. 钢管混凝土综述［J］. 混凝土，2008（3）：61-63.

[76] 尧国皇，韩林海. 钢管自密实高性能混凝土压弯构件力学性能研究［J］. 建筑结构学报，2004，25（4）：34-42.

[77] 王国杰，郑建岚. 自密实钢管混凝土的研究与应用［J］. 混凝土，2006（3）：57-61.

[78] 杨有福，韩林海. 矩形钢管自密实混凝土的钢管-混凝土界面粘结性能研究［J］. 工业建筑，2006，36（11）：32-36.

[79] 王湛. 约束膨胀混凝土的力学性能分析［J］. 哈尔滨建筑大学学报，2000，33（3）：74-77.

[80] 李庚英，王湛. 膨胀混凝土在钢管约束下的力学性能以及微观特征［J］. 四川建筑科学研究，2002，28（3）：59-61.

[81] 刘晓，陈兵．膨胀混凝土在钢管混凝土中的应用 [J]．混凝土，2006（7）：52-54.

[82] 齐甦，彭少民．钢管膨胀混凝土轴压短柱试验研究 [J]．武汉理工大学学报，2007，29（Ⅱ）：61-65.

[83] 张戎令，杨阳，王起才，等．钢管 - 微膨胀混凝土气孔结构改变对徐变的影响 [J]．硅酸盐通报，2014，33（6）：1514-1519.

[84] 曹国辉，张锴，胡佳星，等．钢管膨胀混凝土收缩应变计算模型 [J]．中南大学学报（自然科学版），2015，46（3）：1094-1099.

[85] XU L，HUANG C，LIU Y．Expansive performance of self-stressing and self-compacting concrete confined with steel tube [J]．Journal of Wuhan University of Technology-Mater Sci Ed，2007，22（2）：341-345.

[86] CHANG X，HUANG C，ZHANG P．Expansive behaviors of self-stressing concrete under different restraining conditions [J]．Journal of Wuhan University of Technology-Mater Sci Ed，2011，26（4）：780-785.

[87] RUI X，ZHEAN L，ZHIGANG R，et al．Experimental Research on the Performance of Micro-expansion and Self-compacting Concrete-Filled Steel Tubular Short Column under Axial Compression [J]．Procedia Earth and Planetary Science，2012，5：19-24.

[88] 朱国平，叶燕华，毛志伟，等．钢管自密实混凝土短柱的有限元分析 [J]．混凝土，2009（07）：17-19.

[89] 黄承逵，徐磊，刘毅．钢管自密实自应力混凝土短柱轴压力学性能试验研究 [J]．大连理工大学学报．2006（05）：696-701.

[90] 黄承逵，常旭，姜德成，等．自应力钢管混凝土中核心混凝土单轴本构关系 [J]．大连理工大学学报，2010，01：81-85.

[91] 常旭，蔺海晓，黄承逵．自应力钢管混凝土轴压短柱力学性能研究 [J]．河南理工大学学报（自然科学版），2009，04：496-501.

[92] 丁庆军，刘荣进，牟廷敏，等．钢纤维增韧自密实微膨胀钢管混凝土 [J]．东南大学学报（自然科学版），2010，40（增刊Ⅱ）：10-14.

[93] 丁庆军，王志亮，周孝军，等．自密实补偿收缩钢纤维钢管混凝土的抗冻性研究与应用 [J]．混凝土，2014（8）：43-48.

[94] 梅明荣．掺 MgO 微膨胀混凝土结构的温度应力及其有效应力法研究 [D]．南京：河海大学，2005.

[95] 袁明道．外掺氧化镁微膨胀混凝土变形特性研究 [D]．武汉：武汉大学，2013.

[96] 李方贤，陈友治，龙世宗，等．C50 氧化镁微膨胀混凝土的性能研究 [J]．建筑材料学报，2009，12（5）：599-604.

[97] 黄叶．磨细流化床固硫渣在水泥混凝土中的性能研究 [D]．重庆：重庆大学，2010.

[98] 孙恒虎，郑娟荣．低温煤渣火山灰活性的机理研究 [J]．煤炭学报，2000（06）：664-667.

[99] 刘威．钢管混凝土局部受压时的工作机理研究 [D]．福州：福州大学，2005.

[100] 彭家惠，张建新，瞿金东，等．Na_2SO_4 对硬石膏水化进程及其水化产物形貌的影响（英文）[J]．硅酸盐学报，2008（10）：1356-1361.

[101] 张建新．天然硬石膏水化硬化及活性激发研究 [D]．重庆：重庆大学，2009.

[102] Wang S Y，Peng S S．Mechanism of water reduction of Class I fly ash [J]．Chinese Yangtze River，

2002，33（1）：40-43.

［103］王栋民，陈华辉，欧阳世翕．高强流态膨胀混凝土力学性能和膨胀行为［J］．硅酸盐学报，2004（04）：454-459.

［104］李林香，谢永江，冯仲伟，等．混凝土的收缩及防裂措施概述［J］．混凝土，2011（04）：113-117.

［105］马丽媛，姚燕，田培，等．国内外混凝土的收缩性能及抗裂性试验研究方法评述［J］．中国建材科技，2001（01）：27-31.

［106］宋少民，王林．混凝土学［M］．武汉：武汉理工大学出版社，2013：189-199.

［107］蔡绍怀，焦占拴．钢管混凝土短柱的基本性能和强度计算［J］．建筑结构学报，1984（06）：13-29.

［108］尚作庆．钢管自应力自密实混凝土柱力学性能研究［D］．大连：大连理工大学，2007.

［109］XU L，ZHOU P，CHI Y，et al．Performance of the High-Strength Self-Stressing and Self-Compacting Concrete-Filled Steel Tube Columns Subjected to the Uniaxial Compression［J］．International Journal of Civil Engineering，2017.

［110］徐磊．钢管自应力免振混凝土轴压柱设计理论研究［D］．大连：大连理工大学，2005.

［111］RAMANATHAN P，BASKAR I，MUTHUPRIYA P，et al．Performance of self-compacting concrete containing different mineral admixtures［J］．KSCE Journal of Civil Engineering，2013，17（2）：465-472.

［112］方秦，还毅，张亚栋，等．ABAQUS混凝土损伤塑性模型的静力性能分析［J］．解放军理工大学学报（自然科学版），2007（03）：254-260.

［113］魏晓军．大管径钢管膨胀混凝土塔柱力学性能研究［D］．兰州：兰州理工大学，2014.

［114］ZHANG X，GU X，LV J，et al．Numerical analysis of the rheological behaviors of basalt fiber reinforced asphalt mortar using ABAQUS［J］．Construction and Building Materials，2017，157：392-401.

［115］时军．钢管混凝土柱轴压承载力计算方法分析［D］．大连：大连理工大学，2012.

［116］熊锐．钢管混凝土界面状态试验研究与分析［D］．武汉：武汉理工大学，2013.

［117］卢方伟．新型钢管混凝土构件的理论和试验研究［D］．上海：上海交通大学，2007.

［118］Roeder C W，C．B.，Brown C B．Composite action in concrete filled tubes［J］．Journal of Structural Engineering．1999，125（5）：477-484.

［119］吴中伟，韩素芳．预拌混凝土和高性能混凝土技术的现状与发展［J］．建筑技术，1997（07）：463-465.

［120］阎培渝．粉煤灰在复合胶凝材料水化过程中的作用机理［J］．硅酸盐学报，2007（S1）：167-171.

［121］吴中伟，廉慧珍．高性能混凝土［M］．北京：中国铁道出版社，1999.

［122］张誉，蒋利学，张伟平，等．混凝土结构耐久性概论［M］．上海：上海科学技术出版社，2003.

［123］冯乃谦．高性能混凝土结构［M］．北京：机械工业出版社，2004

［124］范沈抚，关英俊，甄永严．掺粉煤灰混凝土的抗冻性试验研究［J］．水利水电技术，1986（03）：14-20.

［125］金伟良，赵羽习．混凝土结构耐久性［M］．北京：科学技术出版社，2002.

［126］孙振华．高性能混凝土耐久性试验研究［D］．郑州：郑州大学，2011.

［127］游有鲲，缪昌文，慕儒．粉煤灰高性能混凝土抗冻性研究［J］．混凝土与水泥制品，2000（05）：

14-15.

[128] 何晓莹，王瑞骏，陶喆，等. 低掺量粉煤灰再生混凝土抗冻耐久性试验研究 [J]. 硅酸盐通报，2018，37（11）：3522-3527.

[129] 宋远明，钱觉时，王智，等. 固硫灰渣对水泥胶砂耐久性影响研究 [J]. 建筑材料学报，2010，13（01）：66-69.

[130] 霍琳，蒋勇，卢忠远，等. 利用固硫灰制备高强混凝土及耐久性研究 [J]. 武汉理工大学学报，2016，38（03）：30-35.

[131] 黄鹏程. 酸雨对建筑物的危害及防治 [J]. 柳钢科技，2005（3）：32-34.

[132] 胡曙光，耿健，吕林女，等. 混合材对高 C3S 含量水泥水化性能的影响 [J]. 武汉理工大学学报，2005（10）：4-7.

[133] 朱洪波，马保国，董荣珍，等. 高 C3S 水泥与萘系减水剂的适应性分析 [J]. 混凝土，2004（12）：26-28.

[134] LI Z J，LI W L. Contactless，transformer-based Measurement of the resistivity of materials [P]. US patent：6639401，2003-10-28.

[135] BABUSHKIN V I，et al. Thermodynamics of silicates [M]. Germany：springer-verlag，1985.

[136] 吴祖松，徐林生. 公路隧道混凝土衬砌结构耐久性探讨 [J]. 公路隧道，2008（01）：18-21.

[137] PAPADAKIS V G，VAYENS C G，FARDIS M N. Fundamental modelingand experimental investigation of concrete carbonation [J]. ACI MaterialJournal，1991，88（4）：363-373.

[138] 方璟，梅国兴，陆采荣. 碳化对混凝土性能影响的研究 [J]. 水利水电技术，1996（02）：58-64.

[139] 蒋利学，张誉，刘亚芹，等. 混凝土碳化深度的计算与试验研究 [J]. 混凝土，1996（4）：12-17.

[140] 缪昌文，刘加平，刘建忠. 外加剂对混凝土耐久性的影响 [J]. 东南大学学报，2006，36（Sup II）：253-258.

[141] 徐道富. 环境气候条件下混凝土碳化速度研究 [J]. 西部探矿工程，2005（10）：147-149.

[142] 刘亚芹，张誉，张伟平，等. 表面覆盖层对混凝土碳化的影响与计算 [J]. 工业建筑，1997，27（8）：41-45.

[143] Simcic T，Pejovnik S，Schutter G. DChloride ion penetration into fly ash modified concrete during wetting–drying cycles [J]. Construction and Building Materials，2015，93：1216-1223.

[144] Ismail I，Bernal S A，Provis J L，et al. Influence of fly ash on the water and chloride permeability of alkali-activated slag mortars and concretes [J]. Construction and Building Materials，2013，48（11）：1187-1201.

[145] Zhang Y M，Sun W，Yan H D. Hydration of high-volume fly ash cement pastes [J]. Cement&Concrete Composites，2000，22（6）：445-452.

[146] Babu T S R，Neeraja D. A experimental study of natural admixture effect on conventional concrete and high volume class F flyash blended concrete [J]. Case Studies in Construction Materials，2017，6：43-62.

[147] LIU L，LU Y. Axial bearing capacity of short FRP confined concrete-filled steel tubular columns [J]. Journal of Wuhan University of Technology-Mater Sci Ed，2010，25（3）：454-458.

[148] 钟善桐. 钢管混凝土结构 [M]. 3 版. 北京：清华大学出版社，2003.

[149] 王湛. 约束膨胀混凝土显微结构分析 [J]. 哈尔滨建筑大学学报，1999，32（2）：54-57.

［150］丁发兴，余志武．钢管混凝土短柱力学性能研究—实用计算方法［J］．工程力学，2005（03）：134-138.

［151］李悦，金彩云．钢管高强膨胀混凝土的力学性能研究［J］．施工技术，2005（S2）：47-50.

［152］刘兰．FRP与钢管混凝土复合柱基本力学性能研究［D］．武汉：武汉大学，2009.

［153］YU Z-W，DING F-X，CAI C S．Experimental behavior of circular concrete-filled steel tube stub columns［J］．Journal of Constructional Steel Research，2007，63（2）：165-174.

［154］丁发兴，余志武．钢管混凝土短柱力学性能研究—理论分析［J］．工程力学，2005（01）：175-181.

［155］KHAIRALLAH F．Mechanical behavior of confined self-compacting reinforced concrete circular columns under concentric axial loading［J］．Ain Shams Engineering Journal，2013，4（4）：641-649.

［156］梁本亮，刘建新．圆钢管混凝土短柱轴压极限承载力分析［J］．上海交通大学学报，2010，44（06）：749-754.

［157］LI G，ZHAO X，CHEN L．Improve the strength of concrete-filled steel tubular columns by the use of fly ash［J］．Cement and Concrete Research，2003，33（5）：733-739.

［158］迟耀辉，许文洁，黄玉周．MgO钢管自应力混凝土短柱轴压试验研究［J］．佳木斯大学学报（自然科学版），2008（05）：579-581.

［159］CARBALLOSA P，GARC A CALVO J L，REVUELTA D，et al．Influence of cement and expansive additive types in the performance of self-stressing and self-compacting concretes for structural elements［J］．Construction and Building Materials，2015（93）：223-229.

［160］尚作庆，黄承逵．钢管限制对自应力混凝土膨胀的影响［J］．建筑材料学报，2007（03）：307-312.

［161］Hongping Z，Yaling L，Zhi C，et al．Effect of layering molding process on strength of 3D printed composite cement based materials［J］．Materials Letters，2022，325.

［162］Lan L，Lei H，Zhi C，et al．Interface Bonding Behavior of Concrete-Filled Steel Tube Blended with Circulating Fluidized Bed Bottom Ash［J］．Materials，2021，14（6）：1529.

［163］Zhi C，Xinrong C，Yuchao X，et al．Strength Tests and Numerical Simulations of Loess Modified by Desulfurization Ash and Fly Ash［J］．Materials，2022，15（2）：512.

［164］Zhi C，Zhijun C，Hua H，et al．Research on the Expansion Characteristics and Compressive Strength of Mortars Containing Circulating Fluidized Bed Combustion Desulfurization Slag［J］．Advances in Materials Science and Engineering，2018.

［165］Liu L，Guo T，Cheng Z，et al．Analysis of Mesostructure Characteristics and Clogging Mechanism of Pervious Concrete Based on CT Scanning and Image Processing Techniques［J］．Materials，2025，18（6）：1189.

［166］Zhi C，Lei H，Lan L，et al．Mechanical Properties and Durability of High-Performance Concretes Blended with Circulating Fluidized Bed Combustion Ash and Slag as Replacement for Ordinary Portland Cement［J］．Advances in Materials Science and Engineering，2020.

［167］Cheng Z，Meng Q，Liu L，et al．Properties and hydration mechanism of slow-setting and expansive cement based on CFB ash and slag［J］．Journal of Building Engineering，2024.

［168］Zhi C，Xinrong C，Zhijun C，et al．Mechanical，Structural and Microstructural Properties of CFB Desulfurization Slag and Silico-Manganese Slag Based-Geopolymer Pastes［J］．Silicon，2022，15（4）：1835-1846.

[169] Lan L, Yuhao L, Zhi C, et al. Axial Compressive Properties of Self-Compacting Concrete Filled Steel Tube Short Columns with Ground Desulfurization Slag [J]. Materials, 2022, 15 (18): 6306.

[170] Cheng Z, Guo T, Liu Y, et al. Modification of cement-based circulating fluidized bed combustion slag: Physical grinding and chemical excitation [J]. Construction and Building Materials, 2024.

[171] 程志，程志军，韩涛，等．磨细循环流化床脱硫渣对自密实混凝土性能的影响［J］．应用基础与工程科学学报，2020，28（06）：1519-1528.

[172] 程志，裴晓波，韩涛，等．延迟拆模对CFB脱硫渣-水泥胶砂性能的影响［J］．四川建筑科学研究，2019，45（05）：88-93.

[173] 程志，魏林海，韩涛，等．循环流化床脱硫灰渣性质及应用研究进展［J］．锅炉技术，2018，49（05）：34-38.

[174] 程志，魏林海，韩涛，等．养护方式对磨细循环流化床脱硫渣自密实混凝土抗压强度的影响［J］．四川建筑科学研究，2018，44（02）：111-114.

[175] 程志，郭宏，韩云山．超大体积混凝土温度裂缝控制技术［J］．四川建筑科学研究，2010，36（04）：105-108.

[176] 程志．循环流化床煤矸石脱硫渣膨胀特性及应用研究［D］．中北大学，2018.